만점왕 연산

8단계

초등 4학년 권장

* 효과적인 연산 학습을 위하여
차시별 대표 문항 풀이 강의를 제공합니다.

* 강의에서 다루어 지지 않은 문항은
문항코드 검색 시 풀이 방법을
학습할 수 있는 대표 문항 풀이로 연결됩니다.

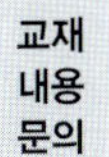 정답은 EBS 초등사이트(primary.ebs.co.kr)에서 내려받으실 수 있습니다.

교재 내용 문의
교재 내용 문의는 EBS 초등사이트 (primary.ebs.co.kr)의 교재 Q&A 서비스를 활용하시기 바랍니다.

교재 정오표 공지
발행 이후 발견된 정오 사항을 EBS 초등사이트 정오표 코너에서 알려 드립니다.
교재 검색 ▶ 교재 선택 ▶ 정오표

교재 정정 신청
공지된 정오 내용 외에 발견된 정오 사항이 있다면 EBS 초등사이트를 통해 알려 주세요.
교재 검색 ▶ 교재 선택 ▶ 교재 Q&A

EBS

만점왕
연산
8단계
초등 4학년 권장

만점왕 연산을 선택한
친구들과 학부모님께!

연산은 수학을 공부하는 데 기본이 되는 **수학의 기초 학습**입니다.

어려운 사고력 문제를 풀 수 있는 학생도 정확하고 빠른 속도의 연산 실력이 부족하다면 높은 수학 점수를 받을 수 없습니다.

정해진 시간 안에 문제를 풀어야 하는데 기초 연산 문제에서 시간을 다 소비하고 나면 정작 사고력이 필요한 문제를 풀 시간이 없게 되기 때문입니다.

이처럼 연산은 매우 중요하지만 한 번에 길러지는 게 아니라 **꾸준히 학습해야** 합니다. 하지만 연산을 기계적으로 반복하기만 하면 사고의 폭을 제한할 수 있으므로 올바른 방법으로 학습해야 합니다.

처음 연산을 시작하는 학생에게는 연산의 정확성과 속도를 높이는 것이 중요하므로 수학의 개념과 원리를 바탕으로 한 충분한 훈련을 통해 연산 능력을 키워야 합니다.

만점왕 연산은 바로 이런 올바른 연산 공부를 위해 만들어진 책입니다.

만점왕 연산의
특징은 무엇인가요?

만점왕 연산은 수학 교과 내용 중 수와 연산, 규칙성 단원을 반영하여 학교 진도에 맞추어 연산 공부를 하기 좋게 만든 책입니다.

누구나 한 번쯤 해 봤을 연산 교재와는 차별화하여 매일 2쪽씩 부담없이 자기 학년 과정을 꾸준히 공부할 수 있는 교재입니다.

만점왕 연산의 특징은 학교에서 배우는 수학 공부와 병행할 수 있도록 수학의 가장 기초가 되는 연산을 부담없이 매일 학습이 가능하도록 구성하였다는 점입니다.

만점왕 연산은 총 몇 단계로 구성되어 있나요?

취학 전 예비 초등학생을 위한 **예비 2단계**와 **초등 12단계**를 합하여 총 **14단계**로 구성되어 있습니다.

한 단계는 한 학기를 기준으로 구성하였기 때문에 초등 입학 전 예비 초등 1, 2단계를 마친 다음에는 1학년부터 6학년까지 총 12학기 동안 꾸준히 학습할 수 있습니다.

단계	Pre ❶단계	Pre ❷단계	❶단계	❷단계	❸단계	❹단계	❺단계
	취학 전 (만 6세부터)	취학 전 (만 6세부터)	초등 1-1	초등 1-2	초등 2-1	초등 2-2	초등 3-1
분량	10차시	10차시	8차시	12차시	12차시	8차시	10차시

단계	❻단계	❼단계	❽단계	❾단계	❿단계	⓫단계	⓬단계
	초등 3-2	초등 4-1	초등 4-2	초등 5-1	초등 5-2	초등 6-1	초등 6-2
분량	10차시	10차시	10차시	10차시	10차시	10차시	10차시

5일차 학습을 하루에 다 풀어도 되나요?

연산은 한 번에 많이 푸는 것이 아니라 매일 꾸준히, 그리고 점차 난도를 높여 가며 풀어야 실력이 향상됩니다.

만점왕 연산 교재로 **월요일부터 금요일까지 하루에 2쪽씩** 학교 수학 진도와 병행하여 푸는 것이 가장 좋습니다.

1 연산 학습목표 이해하기 → **2** 원리 깨치기 → **3** 연산력 키우기 5일 학습

3단계 학습으로 체계적인 연산 능력을 기르고 규칙적인 공부 습관을 쌓을 수 있습니다.

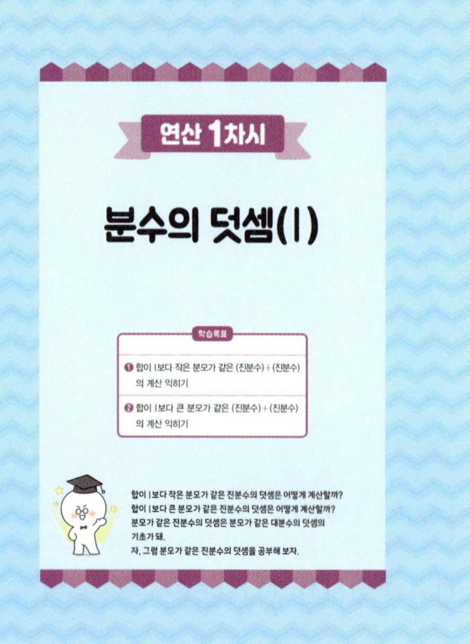

1 연산 학습목표 이해하기

**학습하기 전!
단원 도입을 보면서 흥미를 가져요.**

학습목표

각 차시별 구체적인 학습 목표를 제시하였어요. 친절한 설명글은 차시에 대한 이해를 돕고 친구들에게 학습에 대한 의욕을 북돋워 줘요.

2 원리 깨치기

**원리 깨치기만 보면
계산 원리가 보여요.**

원리 깨치기

수학 교과서 내용을 바탕으로 계산 원리를 알기 쉽게 정리하였어요. 특히 [원리 깨치기] 속 **연산Key** 는 핵심 계산 원리를 한 눈에 보여 주고 있어요.

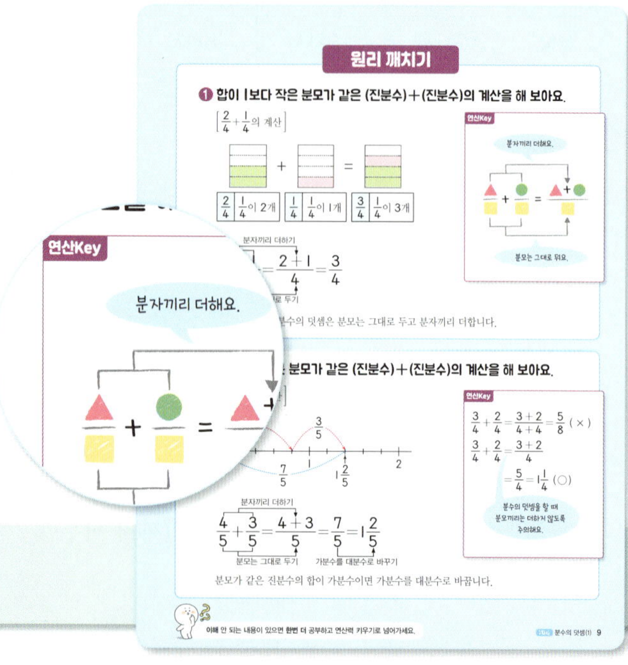

연산Key

각 일차 연산 문제를 풀기 전,
연산Key를 먼저 확인하고
계산 원리와 방법을
스스로 이해해요.

힌트

각 일차 오른쪽 상단의 힌트를 읽으면
문제를 풀 때 도움이 돼요.

학습 점검

학습 날짜, 걸린 시간, 맞은 개수를 매일 체크하여
학습 진행 과정을 스스로 관리할 수 있도록 하였어요.

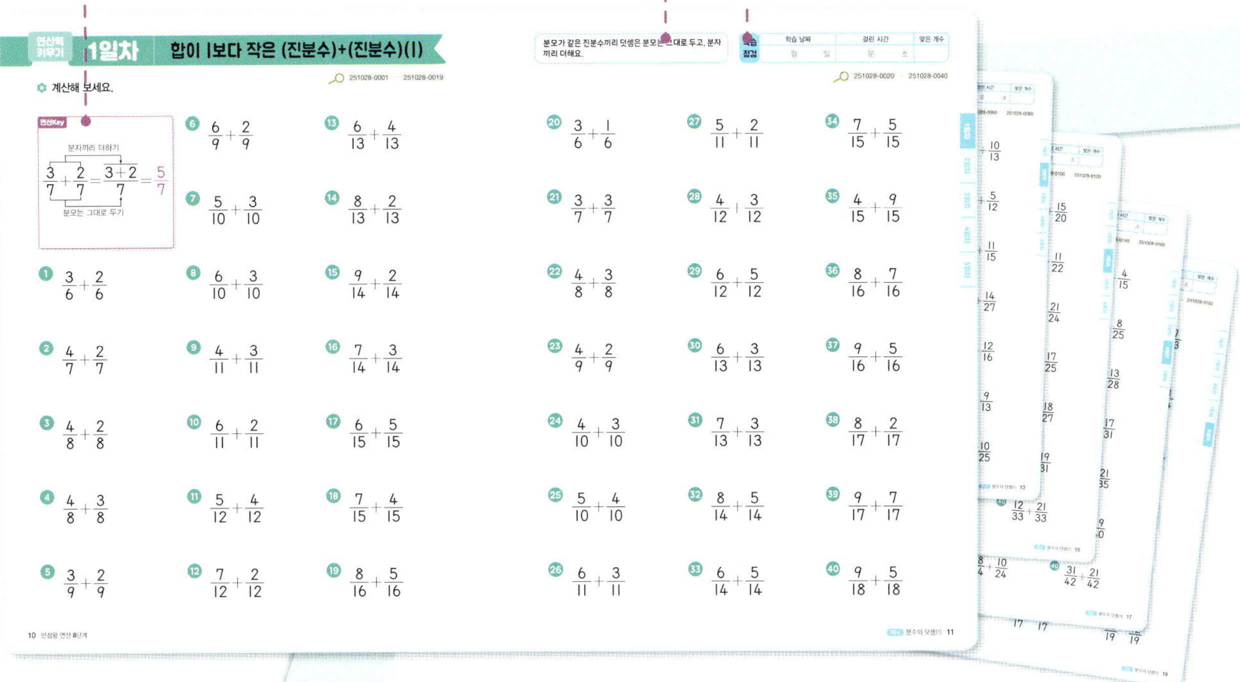

3 연산력 키우기

5일 학습

**1~5일차 연산력 키우기로
연산 능력을 쑥쑥 길러요.**

연산력 키우기 학습에 앞서
원리 깨치기 를 반드시 학습하여
계산 원리를 충분히 이해해요.

**인공지능 DANCHOO
푸리봇 문|제|검|색**

EBS 초등사이트와 **EBS 초등 APP** 하단의
AI 학습도우미 푸리봇을 통해 문항코드를
검색하면 푸리봇이 해당 문제의 해설 강의를
찾아 줍니다.

문제별 문항코드 확인

[251028 - 0001]

1. 아래 그래프를 이해한 내용으로 가장 적절한 것은?

251028 - 0001

문항코드 검색

✱ 효과적인 연산 학습을 위하여 차시별 대표 문항 풀이 강의를 제공합니다.
✱ 강의에서 다루어지지 않은 문항은 문항코드 검색 시 풀이 방법을 학습할 수 있는 대표 문항 풀이로 연결됩니다.

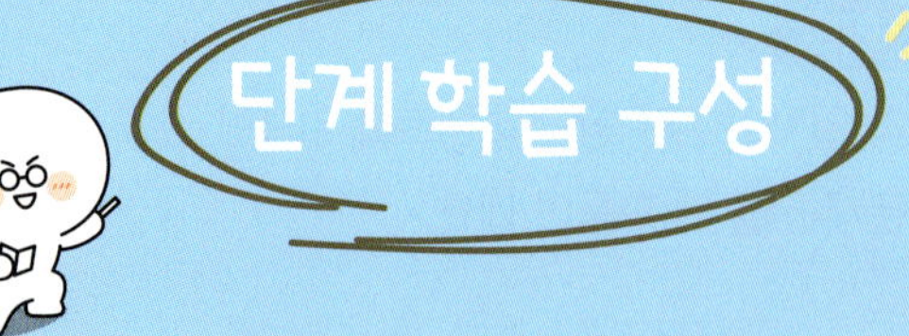

초등 3학년

연산 1차시	세 자리 수의 덧셈(1)	
연산 2차시	세 자리 수의 덧셈(2)	
연산 3차시	세 자리 수의 뺄셈(1)	5단계
연산 4차시	세 자리 수의 뺄셈(2)	
연산 5차시	(두 자리 수)÷(한 자리 수)(1)	
연산 6차시	(두 자리 수)÷(한 자리 수)(2)	
연산 7차시	(두 자리 수)×(한 자리 수)(1)	
연산 8차시	(두 자리 수)×(한 자리 수)(2)	
연산 9차시	(두 자리 수)×(한 자리 수)(3)	
연산 10차시	(두 자리 수)×(한 자리 수)(4)	

6단계

연산 1차시	(세 자리 수)×(한 자리 수)(1)
연산 2차시	(세 자리 수)×(한 자리 수)(2)
연산 3차시	(두 자리 수)×(두 자리 수)(1), (한 자리 수)×(두 자리 수)
연산 4차시	(두 자리 수)×(두 자리 수)(2)
연산 5차시	(두 자리 수)÷(한 자리 수)(1)
연산 6차시	(두 자리 수)÷(한 자리 수)(2)
연산 7차시	(세 자리 수)÷(한 자리 수)(1)
연산 8차시	(세 자리 수)÷(한 자리 수)(2)
연산 9차시	분수
연산 10차시	여러 가지 분수, 분수의 크기 비교

초등 4학년

7단계

연산 1차시	(몇백)×(몇십), (몇백몇십)×(몇십)
연산 2차시	(세 자리 수)×(몇십)
연산 3차시	(몇백)×(두 자리 수), (몇백몇십)×(두 자리 수)
연산 4차시	(세 자리 수)×(두 자리 수)
연산 5차시	(두 자리 수)÷(몇십)
연산 6차시	(세 자리 수)÷(몇십)
연산 7차시	(두 자리 수)÷(두 자리 수)
연산 8차시	몫이 한 자리 수인 (세 자리 수)÷(두 자리 수)
연산 9차시	몫이 두 자리 수이고 나누어떨어지는 (세 자리 수)÷(두 자리 수)
연산 10차시	몫이 두 자리 수이고 나머지가 있는 (세 자리 수)÷(두 자리 수)

8단계

연산 1차시	분수의 덧셈(1)
연산 2차시	분수의 덧셈(2)
연산 3차시	분수의 뺄셈(1)
연산 4차시	분수의 뺄셈(2)
연산 5차시	분수의 뺄셈(3)
연산 6차시	분수의 뺄셈(4)
연산 7차시	자릿수가 같은 소수의 덧셈
연산 8차시	자릿수가 다른 소수의 덧셈
연산 9차시	자릿수가 같은 소수의 뺄셈
연산 10차시	자릿수가 다른 소수의 뺄셈

초등 5학년

9단계

연산 1차시	덧셈과 뺄셈이 섞여 있는 식 /곱셈과 나눗셈이 섞여 있는 식
연산 2차시	덧셈, 뺄셈, 곱셈이 섞여 있는 식 /덧셈, 뺄셈, 나눗셈이 섞여 있는 식
연산 3차시	덧셈, 뺄셈, 곱셈, 나눗셈이 섞여 있는 식
연산 4차시	약수와 배수(1)
연산 5차시	약수와 배수(2)
연산 6차시	약분과 통분(1)
연산 7차시	약분과 통분(2)
연산 8차시	진분수의 덧셈
연산 9차시	대분수의 덧셈
연산 10차시	분수의 뺄셈

10단계

연산 1차시	(분수)×(자연수)
연산 2차시	(자연수)×(분수)
연산 3차시	진분수의 곱셈
연산 4차시	대분수의 곱셈
연산 5차시	여러 가지 분수의 곱셈
연산 6차시	(소수)×(자연수)
연산 7차시	(자연수)×(소수)
연산 8차시	(소수)×(소수)(1)
연산 9차시	(소수)×(소수)(2)
연산 10차시	곱의 소수점의 위치

차 례

분수의 덧셈(1)

학습목표

❶ 합이 1보다 작은 분모가 같은 (진분수)+(진분수)의 계산 익히기

❷ 합이 1보다 큰 분모가 같은 (진분수)+(진분수)의 계산 익히기

합이 1보다 작은 분모가 같은 진분수의 덧셈은 어떻게 계산할까?
합이 1보다 큰 분모가 같은 진분수의 덧셈은 어떻게 계산할까?
분모가 같은 진분수의 덧셈은 분모가 같은 대분수의 덧셈의
기초가 돼.
자, 그럼 분모가 같은 진분수의 덧셈을 공부해 보자.

❶ 합이 Ⅰ보다 작은 분모가 같은 (진분수)＋(진분수)의 계산을 해 보아요.

$\left[\dfrac{2}{4}+\dfrac{1}{4}\text{의 계산}\right]$

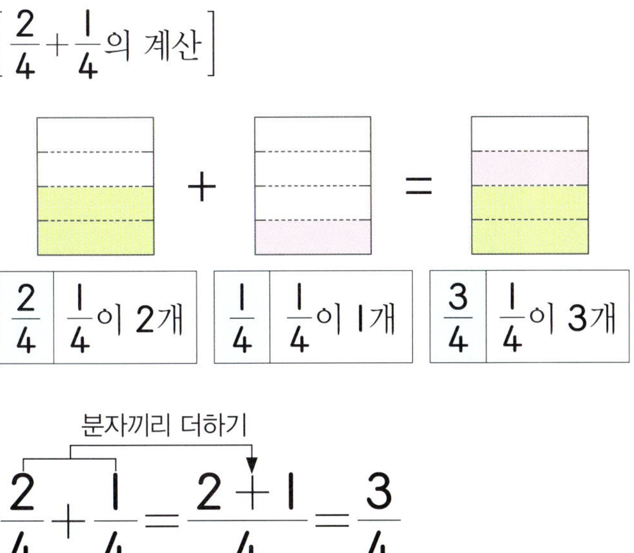

분자끼리 더하기

$$\dfrac{2}{4}+\dfrac{1}{4}=\dfrac{2+1}{4}=\dfrac{3}{4}$$

분모는 그대로 두기

분모가 같은 진분수의 덧셈은 분모는 그대로 두고 분자끼리 더합니다.

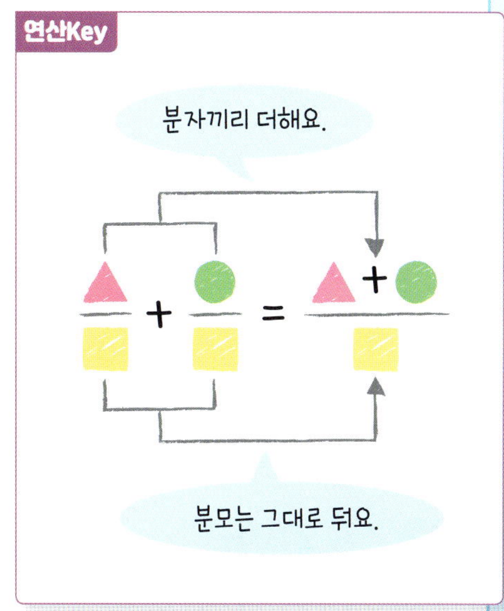

❷ 합이 Ⅰ보다 큰 분모가 같은 (진분수)＋(진분수)의 계산을 해 보아요.

$\left[\dfrac{4}{5}+\dfrac{3}{5}\text{의 계산}\right]$

분자끼리 더하기

$$\dfrac{4}{5}+\dfrac{3}{5}=\dfrac{4+3}{5}=\dfrac{7}{5}=1\dfrac{2}{5}$$

분모는 그대로 두기 · 가분수를 대분수로 바꾸기

분모가 같은 진분수의 합이 가분수이면 가분수를 대분수로 바꿉니다.

연산Key

$$\dfrac{3}{4}+\dfrac{2}{4}=\dfrac{3+2}{4+4}=\dfrac{5}{8}\ (\times)$$

$$\dfrac{3}{4}+\dfrac{2}{4}=\dfrac{3+2}{4}$$

$$=\dfrac{5}{4}=1\dfrac{1}{4}\ (\bigcirc)$$

분수의 덧셈을 할 때
분모끼리는 더하지 않도록
주의해요.

🔍 251028-0001 ~ 251028-0019

✿ **계산해 보세요.**

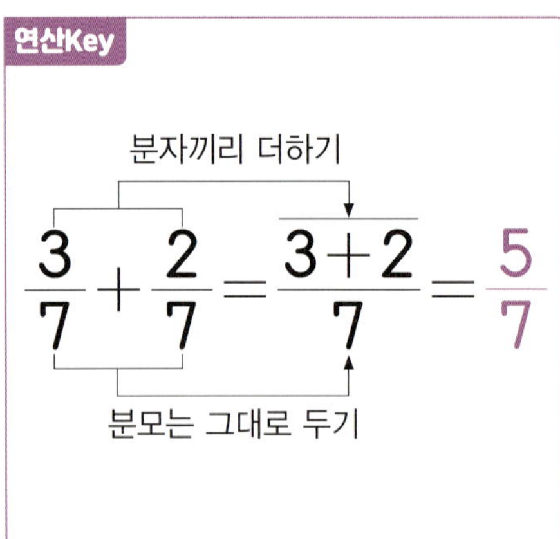

1 $\dfrac{3}{6} + \dfrac{2}{6}$

2 $\dfrac{4}{7} + \dfrac{2}{7}$

3 $\dfrac{4}{8} + \dfrac{2}{8}$

4 $\dfrac{4}{8} + \dfrac{3}{8}$

5 $\dfrac{3}{9} + \dfrac{2}{9}$

6 $\dfrac{6}{9} + \dfrac{2}{9}$

7 $\dfrac{5}{10} + \dfrac{3}{10}$

8 $\dfrac{6}{10} + \dfrac{3}{10}$

9 $\dfrac{4}{11} + \dfrac{3}{11}$

10 $\dfrac{6}{11} + \dfrac{2}{11}$

11 $\dfrac{5}{12} + \dfrac{4}{12}$

12 $\dfrac{7}{12} + \dfrac{2}{12}$

13 $\dfrac{6}{13} + \dfrac{4}{13}$

14 $\dfrac{8}{13} + \dfrac{2}{13}$

15 $\dfrac{9}{14} + \dfrac{2}{14}$

16 $\dfrac{7}{14} + \dfrac{3}{14}$

17 $\dfrac{6}{15} + \dfrac{5}{15}$

18 $\dfrac{7}{15} + \dfrac{4}{15}$

19 $\dfrac{8}{16} + \dfrac{5}{16}$

20 $\dfrac{3}{6} + \dfrac{1}{6}$

21 $\dfrac{3}{7} + \dfrac{3}{7}$

22 $\dfrac{4}{8} + \dfrac{3}{8}$

23 $\dfrac{4}{9} + \dfrac{2}{9}$

24 $\dfrac{4}{10} + \dfrac{3}{10}$

25 $\dfrac{5}{10} + \dfrac{4}{10}$

26 $\dfrac{6}{11} + \dfrac{3}{11}$

27 $\dfrac{5}{11} + \dfrac{2}{11}$

28 $\dfrac{4}{12} + \dfrac{3}{12}$

29 $\dfrac{6}{12} + \dfrac{5}{12}$

30 $\dfrac{6}{13} + \dfrac{3}{13}$

31 $\dfrac{7}{13} + \dfrac{3}{13}$

32 $\dfrac{8}{14} + \dfrac{5}{14}$

33 $\dfrac{6}{14} + \dfrac{5}{14}$

34 $\dfrac{7}{15} + \dfrac{5}{15}$

35 $\dfrac{4}{15} + \dfrac{9}{15}$

36 $\dfrac{8}{16} + \dfrac{7}{16}$

37 $\dfrac{9}{16} + \dfrac{5}{16}$

38 $\dfrac{8}{17} + \dfrac{2}{17}$

39 $\dfrac{9}{17} + \dfrac{7}{17}$

40 $\dfrac{9}{18} + \dfrac{5}{18}$

✽ **계산해 보세요.**

251028-0041 ~ 251028-0059

연산Key

분모는 그대로 두고 분자끼리 더해요.

$$\frac{2}{9}+\frac{3}{9}=\frac{2+3}{9}$$
$$=\frac{5}{9}$$

1. $\dfrac{2}{8}+\dfrac{3}{8}$

2. $\dfrac{1}{11}+\dfrac{7}{11}$

3. $\dfrac{5}{13}+\dfrac{6}{13}$

4. $\dfrac{2}{17}+\dfrac{7}{17}$

5. $\dfrac{5}{21}+\dfrac{13}{21}$

6. $\dfrac{2}{14}+\dfrac{11}{14}$

7. $\dfrac{5}{19}+\dfrac{3}{19}$

8. $\dfrac{8}{23}+\dfrac{9}{23}$

9. $\dfrac{4}{18}+\dfrac{6}{18}$

10. $\dfrac{5}{12}+\dfrac{3}{12}$

11. $\dfrac{8}{19}+\dfrac{10}{19}$

12. $\dfrac{7}{20}+\dfrac{9}{20}$

13. $\dfrac{2}{10}+\dfrac{4}{10}$

14. $\dfrac{5}{22}+\dfrac{11}{22}$

15. $\dfrac{6}{24}+\dfrac{13}{24}$

16. $\dfrac{4}{15}+\dfrac{10}{15}$

17. $\dfrac{9}{25}+\dfrac{12}{25}$

18. $\dfrac{3}{16}+\dfrac{11}{16}$

19. $\dfrac{7}{23}+\dfrac{13}{23}$

251028-0060 ~ 251028-0080

20 $\dfrac{7}{18} + \dfrac{10}{18}$

21 $\dfrac{4}{17} + \dfrac{11}{17}$

22 $\dfrac{3}{19} + \dfrac{14}{19}$

23 $\dfrac{2}{14} + \dfrac{9}{14}$

24 $\dfrac{7}{22} + \dfrac{13}{22}$

25 $\dfrac{1}{12} + \dfrac{10}{12}$

26 $\dfrac{9}{17} + \dfrac{7}{17}$

27 $\dfrac{5}{21} + \dfrac{15}{21}$

28 $\dfrac{7}{29} + \dfrac{18}{29}$

29 $\dfrac{7}{23} + \dfrac{12}{23}$

30 $\dfrac{5}{18} + \dfrac{12}{18}$

31 $\dfrac{11}{26} + \dfrac{12}{26}$

32 $\dfrac{9}{23} + \dfrac{13}{23}$

33 $\dfrac{2}{20} + \dfrac{17}{20}$

34 $\dfrac{2}{13} + \dfrac{10}{13}$

35 $\dfrac{4}{12} + \dfrac{5}{12}$

36 $\dfrac{3}{15} + \dfrac{11}{15}$

37 $\dfrac{9}{27} + \dfrac{14}{27}$

38 $\dfrac{1}{16} + \dfrac{12}{16}$

39 $\dfrac{3}{13} + \dfrac{9}{13}$

40 $\dfrac{6}{25} + \dfrac{10}{25}$

🔍 251028-0081 ~ 251028-0099

❋ **계산해 보세요.**

연산Key

분자끼리 더하기

$$\frac{4}{5} + \frac{3}{5} = \frac{4+3}{5}$$

$$= \frac{7}{5} = 1\frac{2}{5}$$

가분수를 대분수로 바꾸기

1 $\dfrac{3}{5} + \dfrac{4}{5}$

2 $\dfrac{2}{6} + \dfrac{5}{6}$

3 $\dfrac{3}{7} + \dfrac{6}{7}$

4 $\dfrac{3}{8} + \dfrac{7}{8}$

5 $\dfrac{4}{8} + \dfrac{7}{8}$

6 $\dfrac{2}{9} + \dfrac{8}{9}$

7 $\dfrac{5}{9} + \dfrac{8}{9}$

8 $\dfrac{5}{10} + \dfrac{6}{10}$

9 $\dfrac{6}{10} + \dfrac{8}{10}$

10 $\dfrac{5}{11} + \dfrac{7}{11}$

11 $\dfrac{8}{11} + \dfrac{9}{11}$

12 $\dfrac{4}{12} + \dfrac{9}{12}$

13 $\dfrac{6}{12} + \dfrac{8}{12}$

14 $\dfrac{7}{13} + \dfrac{9}{13}$

15 $\dfrac{7}{13} + \dfrac{8}{13}$

16 $\dfrac{6}{14} + \dfrac{9}{14}$

17 $\dfrac{9}{14} + \dfrac{9}{14}$

18 $\dfrac{7}{15} + \dfrac{9}{15}$

19 $\dfrac{11}{15} + \dfrac{13}{15}$

학습 점검

학습 날짜		걸린 시간		맞은 개수
월	일	분	초	

251028-0100 ~ 251028-0120

20 $\dfrac{6}{11} + \dfrac{7}{11}$

21 $\dfrac{6}{11} + \dfrac{9}{11}$

22 $\dfrac{5}{12} + \dfrac{9}{12}$

23 $\dfrac{7}{12} + \dfrac{7}{12}$

24 $\dfrac{6}{13} + \dfrac{9}{13}$

25 $\dfrac{8}{13} + \dfrac{10}{13}$

26 $\dfrac{3}{14} + \dfrac{12}{14}$

27 $\dfrac{9}{14} + \dfrac{8}{14}$

28 $\dfrac{7}{15} + \dfrac{13}{15}$

29 $\dfrac{9}{15} + \dfrac{11}{15}$

30 $\dfrac{7}{16} + \dfrac{13}{16}$

31 $\dfrac{9}{17} + \dfrac{15}{17}$

32 $\dfrac{9}{18} + \dfrac{12}{18}$

33 $\dfrac{5}{19} + \dfrac{15}{19}$

34 $\dfrac{5}{20} + \dfrac{15}{20}$

35 $\dfrac{11}{22} + \dfrac{11}{22}$

36 $\dfrac{3}{24} + \dfrac{21}{24}$

37 $\dfrac{8}{25} + \dfrac{17}{25}$

38 $\dfrac{9}{27} + \dfrac{18}{27}$

39 $\dfrac{12}{31} + \dfrac{19}{31}$

40 $\dfrac{12}{33} + \dfrac{21}{33}$

251028-0121 ~ 251028-0139

✽ **계산해 보세요.**

연산Key

분모는 그대로 두고 분자끼리 더한 후 계산 결과가 가분수이면 대분수로 바꿔요.

$$\frac{3}{5}+\frac{4}{5}=\frac{3+4}{5}$$
$$=\frac{7}{5}=1\frac{2}{5}$$

1 $\dfrac{11}{14}+\dfrac{7}{14}$

2 $\dfrac{15}{17}+\dfrac{4}{17}$

3 $\dfrac{10}{13}+\dfrac{7}{13}$

4 $\dfrac{19}{23}+\dfrac{11}{23}$

5 $\dfrac{18}{27}+\dfrac{12}{27}$

6 $\dfrac{21}{32}+\dfrac{18}{32}$

7 $\dfrac{16}{21}+\dfrac{9}{21}$

8 $\dfrac{13}{19}+\dfrac{8}{19}$

9 $\dfrac{19}{27}+\dfrac{12}{27}$

10 $\dfrac{12}{16}+\dfrac{5}{16}$

11 $\dfrac{18}{20}+\dfrac{5}{20}$

12 $\dfrac{18}{25}+\dfrac{10}{25}$

13 $\dfrac{17}{31}+\dfrac{15}{31}$

14 $\dfrac{23}{29}+\dfrac{12}{29}$

15 $\dfrac{17}{22}+\dfrac{9}{22}$

16 $\dfrac{12}{13}+\dfrac{6}{13}$

17 $\dfrac{10}{15}+\dfrac{8}{15}$

18 $\dfrac{17}{18}+\dfrac{5}{18}$

19 $\dfrac{19}{24}+\dfrac{12}{24}$

20 $\dfrac{11}{12} + \dfrac{5}{12}$

21 $\dfrac{14}{16} + \dfrac{4}{16}$

22 $\dfrac{16}{19} + \dfrac{7}{19}$

23 $\dfrac{13}{17} + \dfrac{6}{17}$

24 $\dfrac{11}{13} + \dfrac{4}{13}$

25 $\dfrac{12}{18} + \dfrac{7}{18}$

26 $\dfrac{16}{20} + \dfrac{9}{20}$

27 $\dfrac{13}{21} + \dfrac{10}{21}$

28 $\dfrac{10}{12} + \dfrac{4}{12}$

29 $\dfrac{14}{22} + \dfrac{12}{22}$

30 $\dfrac{17}{23} + \dfrac{9}{23}$

31 $\dfrac{10}{13} + \dfrac{8}{13}$

32 $\dfrac{11}{14} + \dfrac{5}{14}$

33 $\dfrac{18}{24} + \dfrac{10}{24}$

34 $\dfrac{12}{15} + \dfrac{4}{15}$

35 $\dfrac{19}{25} + \dfrac{8}{25}$

36 $\dfrac{19}{28} + \dfrac{13}{28}$

37 $\dfrac{24}{31} + \dfrac{17}{31}$

38 $\dfrac{26}{35} + \dfrac{21}{35}$

39 $\dfrac{34}{40} + \dfrac{19}{40}$

40 $\dfrac{31}{42} + \dfrac{21}{42}$

❈ **두 수의 합을 구해 보세요.**

251028-0161 ~ 251028-0174

연산Key

분모가 같은 두 진분수의 덧셈을 할 때 분모를 더하면 안돼요.

$$\frac{3}{6} \quad \frac{5}{6}$$

분자끼리 더하기

$$\frac{3}{6}+\frac{5}{6}=\frac{3+5}{6}=\frac{8}{6}=1\frac{2}{6}$$

분모는 그대로 두기

1 $\dfrac{1}{4} \quad \dfrac{2}{4}$

2 $\dfrac{2}{5} \quad \dfrac{1}{5}$

3 $\dfrac{4}{5} \quad \dfrac{3}{5}$

4 $\dfrac{2}{7} \quad \dfrac{1}{7}$

5 $\dfrac{2}{8} \quad \dfrac{5}{8}$

6 $\dfrac{1}{8} \quad \dfrac{4}{8}$

7 $\dfrac{2}{9} \quad \dfrac{6}{9}$

8 $\dfrac{3}{10} \quad \dfrac{4}{10}$

9 $\dfrac{3}{10} \quad \dfrac{6}{10}$

10 $\dfrac{4}{11} \quad \dfrac{5}{11}$

11 $\dfrac{3}{12} \quad \dfrac{8}{12}$

12 $\dfrac{14}{17} \quad \dfrac{2}{17}$

13 $\dfrac{13}{18} \quad \dfrac{2}{18}$

14 $\dfrac{8}{21} \quad \dfrac{9}{21}$

251028-0175 ~ 251028-0192

15 $\dfrac{4}{6}$ $\dfrac{5}{6}$

16 $\dfrac{6}{7}$ $\dfrac{5}{7}$

17 $\dfrac{2}{6}$ $\dfrac{3}{6}$

18 $\dfrac{11}{15}$ $\dfrac{8}{15}$

19 $\dfrac{5}{10}$ $\dfrac{13}{10}$

20 $\dfrac{5}{8}$ $\dfrac{7}{8}$

21 $\dfrac{9}{10}$ $\dfrac{5}{10}$

22 $\dfrac{5}{8}$ $\dfrac{6}{8}$

23 $\dfrac{9}{16}$ $\dfrac{11}{16}$

24 $\dfrac{8}{15}$ $\dfrac{10}{15}$

25 $\dfrac{3}{7}$ $\dfrac{5}{7}$

26 $\dfrac{12}{17}$ $\dfrac{8}{17}$

27 $\dfrac{10}{13}$ $\dfrac{7}{13}$

28 $\dfrac{8}{14}$ $\dfrac{11}{14}$

29 $\dfrac{7}{11}$ $\dfrac{9}{11}$

30 $\dfrac{4}{11}$ $\dfrac{9}{11}$

31 $\dfrac{7}{12}$ $\dfrac{8}{12}$

32 $\dfrac{10}{19}$ $\dfrac{12}{19}$

분수의 덧셈(2)

학습목표

❶ 분수끼리의 합이 1보다 작은 분모가 같은 대분수의 덧셈 익히기

❷ 분수끼리의 합이 1보다 큰 분모가 같은 대분수의 덧셈 익히기

분수끼리의 합이 1보다 작은 분모가 같은 대분수의 덧셈, 분수끼리의 합이 1보다 큰 분모가 같은 대분수의 덧셈은 어떻게 계산해야 할까? 분모가 같은 대분수의 덧셈은 분모가 다른 분수의 덧셈의 기초가 돼. 자, 그럼 분모가 같은 대분수의 덧셈을 공부해 보자.

❶ 분수끼리의 합이 1보다 작은 분모가 같은 대분수의 덧셈을 해 보아요.

$\left[\ 2\dfrac{2}{4}+1\dfrac{1}{4}\ \text{의 계산}\ \right]$

$2\dfrac{2}{4}$

$1\dfrac{1}{4}$ $+$

$3\dfrac{3}{4}$

연산Key

자연수끼리 더해요.

$1\dfrac{1}{5}+2\dfrac{3}{5}=(1+2)+\left(\dfrac{1}{5}+\dfrac{3}{5}\right)$

$=3+\dfrac{4}{5}=3\dfrac{4}{5}$

분수끼리 더해요.

$$2\dfrac{2}{4}+1\dfrac{1}{4}=(2+1)+\left(\dfrac{2}{4}+\dfrac{1}{4}\right)=3+\dfrac{3}{4}=3\dfrac{3}{4}$$

자연수는 자연수끼리, 분수는 분수끼리 더합니다.

❷ 분수끼리의 합이 1보다 큰 분모가 같은 대분수의 덧셈을 해 보아요.

$\left[\ 1\dfrac{3}{4}+2\dfrac{2}{4}\ \text{의 계산}\ \right]$

방법 1 자연수는 자연수끼리, 분수는 분수끼리 더한 후
분수끼리의 합이 가분수이면 대분수로 바꿉니다.

연산Key

$1\dfrac{3}{5}+2\dfrac{4}{5}=(1+2)+\left(\dfrac{3}{5}+\dfrac{4}{5}\right)$

$=3+\dfrac{7}{5}=3+1\dfrac{2}{5}$

$=4\dfrac{2}{5}$

가분수이면 대분수로 바꿔요.

$$1\dfrac{3}{4}+2\dfrac{2}{4}=(1+2)+\left(\dfrac{3}{4}+\dfrac{2}{4}\right)$$

$$=3+\dfrac{5}{4}=3+1\dfrac{1}{4}=4\dfrac{1}{4}$$

가분수를 대분수로 바꾸기

방법 2 대분수를 가분수로 바꾸어 분자끼리 더한 후 대분수로 바꿉니다.

$$1\dfrac{3}{4}+2\dfrac{2}{4}=\dfrac{7}{4}+\dfrac{10}{4}=\dfrac{17}{4}=4\dfrac{1}{4}$$

대분수를 가분수로 바꾸기   가분수를 대분수로 바꾸기

이해 안 되는 내용이 있으면 **한번** 더 공부하고 연산력 키우기로 넘어가세요.

분수끼리의 합이 1보다 작은 대분수의 덧셈(1)

251028-0193 ~ 251028-0209

✱ **계산해 보세요.**

연산Key

자연수끼리 더하기

$$1\frac{1}{5} + 2\frac{2}{5} = (1 + 2) + \left(\frac{1}{5} + \frac{2}{5}\right)$$

분수끼리 더하기

$$= 3 + \frac{3}{5} = 3\frac{3}{5}$$

1 $4\frac{1}{4} + 1\frac{1}{4}$

2 $1\frac{2}{5} + 4\frac{2}{5}$

3 $2\frac{3}{5} + 1\frac{1}{5}$

4 $1\frac{2}{6} + 2\frac{3}{6}$

5 $1\frac{1}{7} + 2\frac{3}{7}$

6 $2\frac{3}{8} + 1\frac{2}{8}$

7 $4\frac{1}{8} + 3\frac{6}{8}$

8 $2\frac{2}{9} + 3\frac{5}{9}$

9 $1\frac{3}{9} + 2\frac{4}{9}$

10 $1\frac{4}{10} + 1\frac{5}{10}$

11 $3\frac{2}{10} + 1\frac{5}{10}$

12 $2\frac{5}{11} + 3\frac{3}{11}$

13 $2\frac{3}{11} + 1\frac{4}{11}$

14 $1\frac{3}{12} + 6\frac{7}{12}$

15 $5\frac{5}{12} + 1\frac{2}{12}$

16 $3\frac{5}{13} + 4\frac{6}{13}$

17 $2\frac{7}{14} + 4\frac{3}{14}$

251028-0210 ~ 251028-0230

18 $6\dfrac{8}{15} + 2\dfrac{6}{15}$

19 $3\dfrac{1}{4} + 2\dfrac{2}{4}$

20 $1\dfrac{2}{5} + 3\dfrac{1}{5}$

21 $1\dfrac{2}{6} + 3\dfrac{2}{6}$

22 $1\dfrac{3}{7} + 1\dfrac{3}{7}$

23 $1\dfrac{1}{8} + 1\dfrac{4}{8}$

24 $4\dfrac{1}{8} + 2\dfrac{6}{8}$

25 $1\dfrac{5}{9} + 3\dfrac{2}{9}$

26 $4\dfrac{5}{10} + 5\dfrac{4}{10}$

27 $3\dfrac{4}{10} + 4\dfrac{3}{10}$

28 $2\dfrac{7}{11} + 7\dfrac{2}{11}$

29 $1\dfrac{8}{11} + 8\dfrac{1}{11}$

30 $2\dfrac{4}{12} + 3\dfrac{6}{12}$

31 $4\dfrac{6}{12} + 1\dfrac{5}{12}$

32 $1\dfrac{4}{13} + 2\dfrac{5}{13}$

33 $1\dfrac{6}{14} + 2\dfrac{5}{14}$

34 $3\dfrac{5}{14} + 1\dfrac{8}{14}$

35 $5\dfrac{4}{15} + 3\dfrac{5}{15}$

36 $1\dfrac{9}{16} + 3\dfrac{5}{16}$

37 $2\dfrac{7}{16} + 3\dfrac{6}{16}$

38 $4\dfrac{9}{18} + 2\dfrac{7}{18}$

✱ **계산해 보세요.**

251028-0231 ~ 251028-0247

연산Key

자연수는 자연수끼리, 분수는 분수끼리 더해요.

$$2\frac{1}{6} + 3\frac{4}{6} = (2+3) + \left(\frac{1}{6} + \frac{4}{6}\right)$$
$$= 5 + \frac{5}{6} = 5\frac{5}{6}$$

1. $1\frac{5}{7} + 4\frac{1}{7}$

2. $1\frac{2}{10} + 2\frac{5}{10}$

3. $2\frac{7}{18} + 3\frac{4}{18}$

4. $1\frac{13}{20} + 3\frac{5}{20}$

5. $1\frac{6}{8} + 2\frac{1}{8}$

6. $2\frac{5}{9} + 4\frac{3}{9}$

7. $3\frac{8}{13} + 6\frac{3}{13}$

8. $5\frac{12}{17} + 4\frac{4}{17}$

9. $2\frac{11}{16} + 3\frac{3}{16}$

10. $1\frac{4}{19} + 3\frac{13}{19}$

11. $2\frac{9}{22} + 3\frac{7}{22}$

12. $1\frac{12}{23} + 7\frac{7}{23}$

13. $3\frac{4}{12} + 2\frac{5}{12}$

14. $6\frac{3}{14} + 3\frac{10}{14}$

15. $5\frac{5}{11} + 4\frac{3}{11}$

16. $2\frac{7}{15} + 7\frac{5}{15}$

17. $3\frac{6}{21} + 5\frac{14}{21}$

251028-0248 ~ 251028-0268

18 $4\dfrac{4}{24} + 2\dfrac{9}{24}$

19 $1\dfrac{3}{10} + 2\dfrac{4}{10}$

20 $6\dfrac{2}{7} + 3\dfrac{4}{7}$

21 $2\dfrac{4}{14} + 3\dfrac{3}{14}$

22 $2\dfrac{3}{12} + 2\dfrac{5}{12}$

23 $4\dfrac{11}{23} + 1\dfrac{9}{23}$

24 $1\dfrac{10}{15} + 2\dfrac{4}{15}$

25 $4\dfrac{13}{26} + 5\dfrac{8}{26}$

26 $3\dfrac{2}{23} + 2\dfrac{2}{23}$

27 $1\dfrac{3}{19} + 3\dfrac{4}{19}$

28 $2\dfrac{2}{19} + 2\dfrac{6}{19}$

29 $3\dfrac{2}{18} + 2\dfrac{11}{18}$

30 $3\dfrac{5}{20} + 5\dfrac{14}{20}$

31 $5\dfrac{11}{17} + 4\dfrac{5}{17}$

32 $1\dfrac{8}{25} + 8\dfrac{9}{25}$

33 $5\dfrac{4}{14} + 3\dfrac{3}{14}$

34 $2\dfrac{9}{13} + 6\dfrac{2}{13}$

35 $4\dfrac{7}{22} + 2\dfrac{8}{22}$

36 $7\dfrac{4}{11} + 3\dfrac{6}{11}$

37 $3\dfrac{1}{16} + 8\dfrac{11}{16}$

38 $8\dfrac{8}{21} + 7\dfrac{6}{21}$

✽ **계산해 보세요.**

251028-0269 ~ 251028-0283

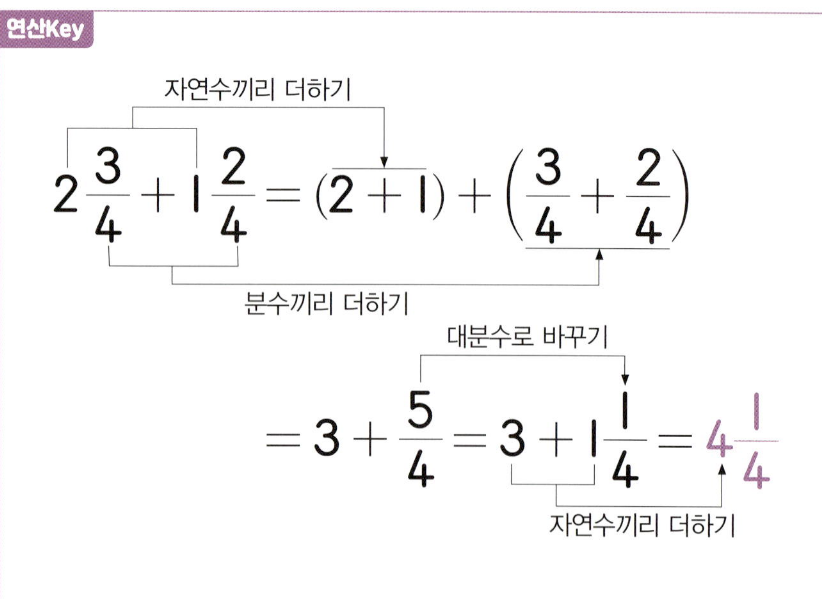

연산Key

자연수끼리 더하기

$$2\frac{3}{4} + 1\frac{2}{4} = (2+1) + \left(\frac{3}{4} + \frac{2}{4}\right)$$

분수끼리 더하기

대분수로 바꾸기

$$= 3 + \frac{5}{4} = 3 + 1\frac{1}{4} = 4\frac{1}{4}$$

자연수끼리 더하기

9 $\quad 3\frac{7}{10} + 4\frac{5}{10}$

10 $\quad 3\frac{9}{11} + 4\frac{8}{11}$

11 $\quad 2\frac{4}{12} + 3\frac{9}{12}$

1 $\quad 3\frac{2}{3} + 4\frac{2}{3}$

5 $\quad 3\frac{6}{7} + 2\frac{4}{7}$

12 $\quad 7\frac{5}{12} + 2\frac{9}{12}$

2 $\quad 1\frac{2}{5} + 3\frac{4}{5}$

6 $\quad 2\frac{3}{8} + 2\frac{6}{8}$

13 $\quad 1\frac{5}{13} + 4\frac{11}{13}$

3 $\quad 2\frac{4}{5} + 1\frac{3}{5}$

7 $\quad 5\frac{5}{8} + 3\frac{7}{8}$

14 $\quad 2\frac{7}{13} + 4\frac{8}{13}$

4 $\quad 1\frac{4}{6} + 5\frac{3}{6}$

8 $\quad 6\frac{8}{9} + 3\frac{7}{9}$

15 $\quad 3\frac{2}{14} + 2\frac{13}{14}$

16. $3\dfrac{3}{7} + 8\dfrac{5}{7}$

17. $2\dfrac{9}{11} + 10\dfrac{6}{11}$

18. $2\dfrac{10}{16} + 2\dfrac{9}{16}$

19. $2\dfrac{5}{20} + 3\dfrac{19}{20}$

20. $9\dfrac{7}{11} + 3\dfrac{9}{11}$

21. $5\dfrac{8}{15} + 13\dfrac{9}{15}$

22. $2\dfrac{16}{23} + 16\dfrac{17}{23}$

23. $14\dfrac{5}{9} + 4\dfrac{6}{9}$

24. $7\dfrac{15}{19} + 15\dfrac{7}{19}$

25. $4\dfrac{14}{18} + 9\dfrac{7}{18}$

26. $2\dfrac{5}{14} + 3\dfrac{12}{14}$

27. $11\dfrac{14}{17} + 3\dfrac{8}{17}$

28. $5\dfrac{18}{21} + 11\dfrac{15}{21}$

29. $3\dfrac{8}{24} + 13\dfrac{17}{24}$

30. $6\dfrac{7}{8} + 2\dfrac{3}{8}$

31. $2\dfrac{9}{12} + 3\dfrac{5}{12}$

32. $10\dfrac{7}{10} + 1\dfrac{8}{10}$

33. $7\dfrac{13}{26} + 10\dfrac{18}{26}$

34. $4\dfrac{8}{13} + 2\dfrac{11}{13}$

35. $2\dfrac{14}{22} + 3\dfrac{16}{22}$

36. $19\dfrac{12}{25} + 3\dfrac{18}{25}$

✽ 계산해 보세요.

251028-0305 ~ 251028-0321

연산Key

분자끼리 더하기

$$1\frac{3}{4} + 2\frac{3}{4} = \frac{7}{4} + \frac{11}{4} = \frac{18}{4} = 4\frac{2}{4}$$

대분수를 가분수로 바꾸기　　가분수를 대분수로 바꾸기

1. $1\dfrac{3}{5} + 2\dfrac{4}{5}$

2. $3\dfrac{4}{5} + 1\dfrac{4}{5}$

3. $1\dfrac{3}{6} + 2\dfrac{5}{6}$

4. $2\dfrac{3}{7} + 3\dfrac{6}{7}$

5. $3\dfrac{4}{7} + 2\dfrac{5}{7}$

6. $2\dfrac{7}{8} + 2\dfrac{5}{8}$

7. $3\dfrac{4}{8} + 1\dfrac{6}{8}$

8. $2\dfrac{4}{9} + 4\dfrac{6}{9}$

9. $2\dfrac{5}{9} + 1\dfrac{8}{9}$

10. $1\dfrac{5}{11} + 3\dfrac{8}{11}$

11. $1\dfrac{7}{12} + 1\dfrac{9}{12}$

12. $3\dfrac{5}{12} + 2\dfrac{8}{12}$

13. $4\dfrac{8}{13} + 3\dfrac{10}{13}$

14. $2\dfrac{6}{13} + 3\dfrac{9}{13}$

15. $2\dfrac{7}{14} + 2\dfrac{11}{14}$

16. $2\dfrac{7}{15} + 3\dfrac{9}{15}$

17. $3\dfrac{9}{16} + 2\dfrac{12}{16}$

251028-0322 ～ 251028-0342

⑱ $1\dfrac{13}{17} + 2\dfrac{9}{17}$

⑲ $3\dfrac{4}{5} + 4\dfrac{3}{5}$

⑳ $4\dfrac{7}{9} + 3\dfrac{6}{9}$

㉑ $3\dfrac{7}{12} + 2\dfrac{9}{12}$

㉒ $\dfrac{9}{15} + 3\dfrac{7}{15}$

㉓ $\dfrac{17}{18} + 4\dfrac{4}{18}$

㉔ $2\dfrac{4}{11} + 2\dfrac{8}{11}$

㉕ $1\dfrac{7}{23} + 2\dfrac{19}{23}$

㉖ $2\dfrac{3}{4} + 3\dfrac{2}{4}$

㉗ $2\dfrac{4}{7} + 4\dfrac{6}{7}$

㉘ $2\dfrac{6}{10} + 1\dfrac{9}{10}$

㉙ $1\dfrac{8}{13} + 2\dfrac{9}{13}$

㉚ $2\dfrac{15}{16} + 2\dfrac{14}{16}$

㉛ $3\dfrac{16}{20} + \dfrac{9}{20}$

㉜ $1\dfrac{15}{22} + 1\dfrac{7}{22}$

㉝ $1\dfrac{4}{6} + 2\dfrac{2}{6}$

㉞ $3\dfrac{5}{8} + 1\dfrac{3}{8}$

㉟ $2\dfrac{6}{14} + 3\dfrac{8}{14}$

㊱ $5\dfrac{9}{17} + 1\dfrac{8}{17}$

㊲ $2\dfrac{10}{19} + 5\dfrac{9}{19}$

㊳ $7\dfrac{14}{21} + 1\dfrac{7}{21}$

✳ **두 수의 합을 구해 보세요.**

251028-0343 ~ 251028-0359

> **연산Key**
>
> 자연수는 자연수끼리, 분수는 분수끼리 더해요.
>
> $$1\frac{3}{6} \quad 2\frac{1}{6}$$
>
> $$1\frac{3}{6} + 2\frac{1}{6} = (1+2) + \left(\frac{3}{6} + \frac{1}{6}\right)$$
>
> $$= 3 + \frac{4}{6} = 3\frac{4}{6}$$

1 $3\frac{1}{4} \quad 1\frac{1}{4}$

2 $3\frac{2}{5} \quad 1\frac{1}{5}$

3 $1\frac{4}{6} \quad 4\frac{1}{6}$

4 $2\frac{1}{7} \quad 2\frac{5}{7}$

5 $3\frac{5}{8} \quad 3\frac{2}{8}$

6 $4\frac{4}{9} \quad 2\frac{4}{9}$

7 $3\frac{4}{10} \quad 3\frac{3}{10}$

8 $1\frac{7}{11} \quad 2\frac{2}{11}$

9 $2\frac{7}{12} \quad 1\frac{3}{12}$

10 $2\frac{8}{13} \quad 2\frac{3}{13}$

11 $3\frac{7}{14} \quad 1\frac{6}{14}$

12 $2\frac{3}{15} \quad 1\frac{8}{15}$

13 $2\frac{8}{16} \quad 1\frac{7}{16}$

14 $2\frac{7}{17} \quad 1\frac{7}{17}$

15 $2\frac{9}{18} \quad 3\frac{4}{18}$

16 $2\frac{7}{19} \quad 2\frac{9}{19}$

17 $2\frac{4}{20} \quad 2\frac{11}{20}$

18 $2\dfrac{6}{7}$　$1\dfrac{5}{7}$

19 $3\dfrac{8}{12}$　$2\dfrac{9}{12}$

20 $1\dfrac{7}{9}$　$1\dfrac{8}{9}$

21 $1\dfrac{9}{16}$　$1\dfrac{10}{16}$

22 $2\dfrac{18}{23}$　$4\dfrac{16}{23}$

23 $1\dfrac{17}{19}$　$3\dfrac{12}{19}$

24 $2\dfrac{7}{8}$　$4\dfrac{5}{8}$

25 $2\dfrac{4}{11}$　$1\dfrac{9}{11}$

26 $4\dfrac{16}{20}$　$2\dfrac{7}{20}$

27 $3\dfrac{8}{15}$　$3\dfrac{14}{15}$

28 $1\dfrac{16}{17}$　$2\dfrac{9}{17}$

29 $2\dfrac{11}{13}$　$3\dfrac{8}{13}$

30 $2\dfrac{13}{14}$　$5\dfrac{11}{14}$

31 $3\dfrac{11}{22}$　$4\dfrac{14}{22}$

32 $2\dfrac{15}{18}$　$1\dfrac{13}{18}$

33 $3\dfrac{19}{21}$　$2\dfrac{17}{21}$

34 $7\dfrac{19}{22}$　$3\dfrac{9}{22}$

35 $2\dfrac{17}{23}$　$7\dfrac{18}{23}$

분수의 뺄셈(1)

학습목표

❶ 분모가 같은 (진분수)−(진분수)의 계산 익히기

❷ 1−(진분수)의 계산 익히기

분모가 같은 진분수의 뺄셈은 어떻게 계산해야 할까?
1−(진분수)는 어떻게 계산해야 할까?
분모가 같은 진분수의 뺄셈은 분모가 같은 대분수의 뺄셈의
기초가 돼.
자, 그럼 분모가 같은 진분수의 뺄셈을 공부해 보자.

❶ 분모가 같은 (진분수) − (진분수)의 계산을 해 보아요.

$$\left[\frac{3}{4}-\frac{2}{4}\text{의 계산}\right]$$

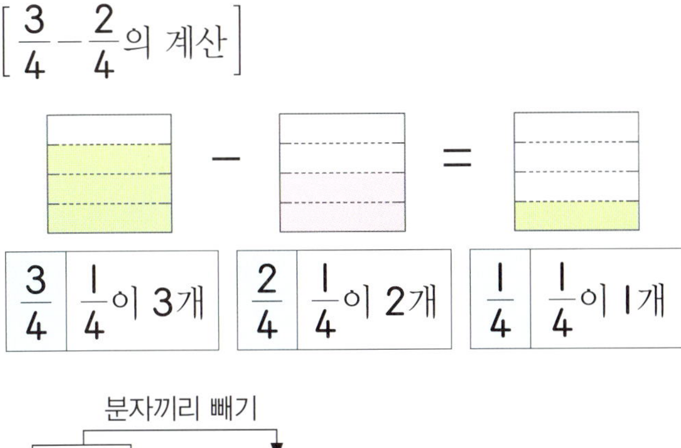

$$\frac{3}{4}-\frac{2}{4}=\frac{3-2}{4}=\frac{1}{4}$$

분자끼리 빼기

분모는 그대로 두기

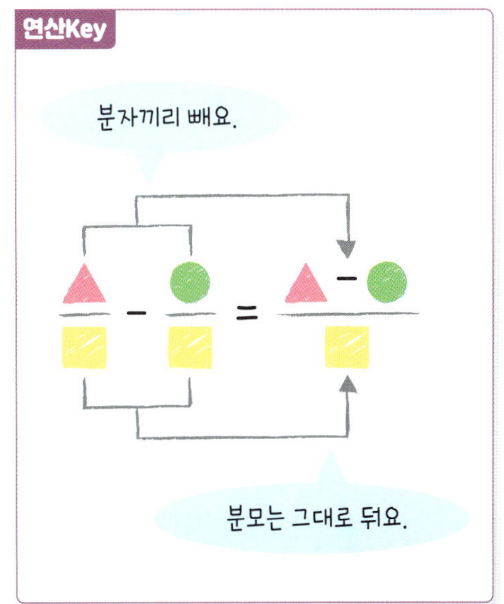

분모가 같은 진분수의 뺄셈은 분모는 그대로 두고 분자끼리 뺍니다.

❷ 1 − (진분수)의 계산을 해 보아요.

$$\left[1-\frac{2}{5}\text{의 계산}\right]$$

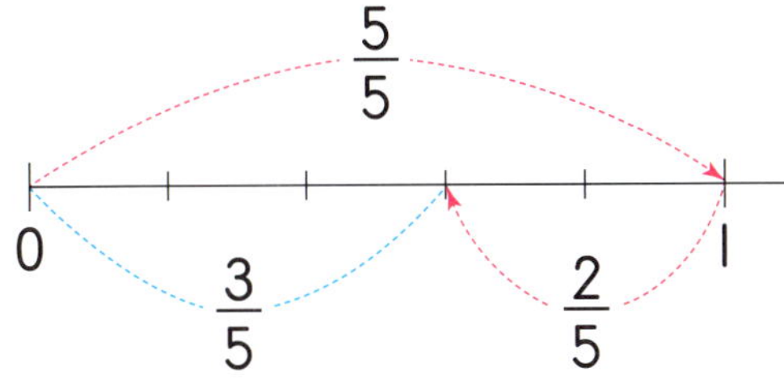

1을 가분수로 바꾸기

분자끼리 빼기

$$1-\frac{2}{5}=\frac{5}{5}-\frac{2}{5}=\frac{5-2}{5}=\frac{3}{5}$$

분모는 그대로 두기

1을 진분수의 분모와 같은 가분수로 바꾼 다음 분모는 그대로 두고 분자끼리 뺍니다.

✽ **계산해 보세요.**

251028-0378 ~ 251028-0395

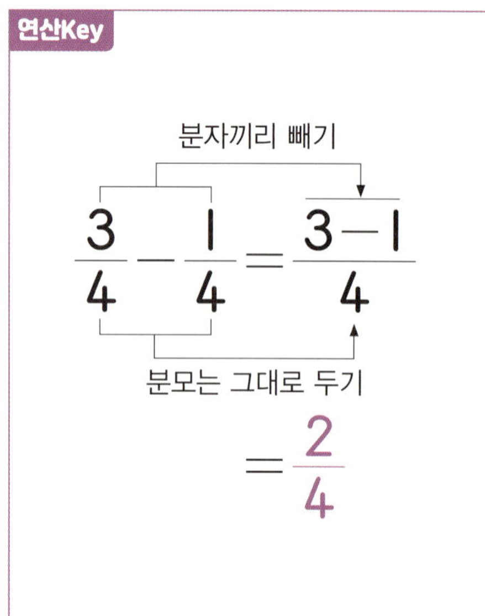

5 $\dfrac{4}{8} - \dfrac{2}{8}$

6 $\dfrac{7}{10} - \dfrac{2}{10}$

7 $\dfrac{8}{11} - \dfrac{4}{11}$

12 $\dfrac{7}{16} - \dfrac{4}{16}$

13 $\dfrac{11}{17} - \dfrac{8}{17}$

14 $\dfrac{9}{18} - \dfrac{4}{18}$

1 $\dfrac{3}{4} - \dfrac{2}{4}$

2 $\dfrac{4}{5} - \dfrac{1}{5}$

3 $\dfrac{3}{6} - \dfrac{1}{6}$

4 $\dfrac{5}{7} - \dfrac{2}{7}$

8 $\dfrac{7}{12} - \dfrac{3}{12}$

9 $\dfrac{9}{13} - \dfrac{4}{13}$

10 $\dfrac{8}{14} - \dfrac{5}{14}$

11 $\dfrac{10}{15} - \dfrac{3}{15}$

15 $\dfrac{12}{19} - \dfrac{7}{19}$

16 $\dfrac{11}{20} - \dfrac{5}{20}$

17 $\dfrac{13}{21} - \dfrac{9}{21}$

18 $\dfrac{14}{22} - \dfrac{7}{22}$

19) $\dfrac{3}{5} - \dfrac{1}{5}$

20) $\dfrac{4}{6} - \dfrac{3}{6}$

21) $\dfrac{5}{7} - \dfrac{3}{7}$

22) $\dfrac{5}{8} - \dfrac{2}{8}$

23) $\dfrac{7}{8} - \dfrac{3}{8}$

24) $\dfrac{5}{9} - \dfrac{2}{9}$

25) $\dfrac{6}{10} - \dfrac{3}{10}$

26) $\dfrac{8}{10} - \dfrac{2}{10}$

27) $\dfrac{7}{11} - \dfrac{3}{11}$

28) $\dfrac{9}{11} - \dfrac{4}{11}$

29) $\dfrac{8}{12} - \dfrac{5}{12}$

30) $\dfrac{9}{12} - \dfrac{6}{12}$

31) $\dfrac{7}{13} - \dfrac{5}{13}$

32) $\dfrac{11}{13} - \dfrac{6}{13}$

33) $\dfrac{13}{14} - \dfrac{8}{14}$

34) $\dfrac{12}{14} - \dfrac{7}{14}$

35) $\dfrac{14}{15} - \dfrac{6}{15}$

36) $\dfrac{13}{15} - \dfrac{3}{15}$

37) $\dfrac{11}{16} - \dfrac{8}{16}$

38) $\dfrac{14}{16} - \dfrac{9}{16}$

39) $\dfrac{15}{17} - \dfrac{8}{17}$

251028-0417 ~ 251028-0435

❋ 계산해 보세요.

연산Key

분모는 그대로 두고 분자끼리 빼요.

$$\frac{5}{7} - \frac{3}{7} = \frac{5-3}{7}$$
$$= \frac{2}{7}$$

6) $\dfrac{7}{14} - \dfrac{3}{14}$

7) $\dfrac{9}{15} - \dfrac{8}{15}$

8) $\dfrac{14}{25} - \dfrac{8}{25}$

9) $\dfrac{11}{12} - \dfrac{4}{12}$

10) $\dfrac{16}{18} - \dfrac{9}{18}$

11) $\dfrac{12}{23} - \dfrac{9}{23}$

12) $\dfrac{12}{20} - \dfrac{7}{20}$

13) $\dfrac{11}{16} - \dfrac{3}{16}$

14) $\dfrac{13}{21} - \dfrac{7}{21}$

15) $\dfrac{16}{17} - \dfrac{7}{17}$

16) $\dfrac{17}{24} - \dfrac{9}{24}$

17) $\dfrac{13}{14} - \dfrac{11}{14}$

18) $\dfrac{11}{19} - \dfrac{3}{19}$

19) $\dfrac{21}{22} - \dfrac{18}{22}$

1) $\dfrac{6}{9} - \dfrac{2}{9}$

2) $\dfrac{8}{10} - \dfrac{5}{10}$

3) $\dfrac{6}{11} - \dfrac{4}{11}$

4) $\dfrac{9}{12} - \dfrac{7}{12}$

5) $\dfrac{8}{13} - \dfrac{2}{13}$

20 $\dfrac{2}{7} - \dfrac{1}{7}$

21 $\dfrac{8}{10} - \dfrac{3}{10}$

22 $\dfrac{5}{16} - \dfrac{2}{16}$

23 $\dfrac{7}{11} - \dfrac{6}{11}$

24 $\dfrac{11}{12} - \dfrac{5}{12}$

25 $\dfrac{10}{13} - \dfrac{6}{13}$

26 $\dfrac{10}{14} - \dfrac{9}{14}$

27 $\dfrac{13}{17} - \dfrac{11}{17}$

28 $\dfrac{17}{18} - \dfrac{12}{18}$

29 $\dfrac{18}{24} - \dfrac{13}{24}$

30 $\dfrac{16}{19} - \dfrac{13}{19}$

31 $\dfrac{19}{20} - \dfrac{15}{20}$

32 $\dfrac{10}{21} - \dfrac{3}{21}$

33 $\dfrac{20}{22} - \dfrac{14}{22}$

34 $\dfrac{20}{23} - \dfrac{18}{23}$

35 $\dfrac{13}{15} - \dfrac{11}{15}$

36 $\dfrac{24}{25} - \dfrac{18}{25}$

37 $\dfrac{15}{16} - \dfrac{13}{16}$

38 $\dfrac{21}{26} - \dfrac{12}{26}$

39 $\dfrac{14}{17} - \dfrac{12}{17}$

40 $\dfrac{21}{27} - \dfrac{19}{27}$

❀ **계산해 보세요.**

251028-0457 ~ 251028-0473

> **연산Key**
>
> 1을 빼는 수의 분모와 같은 가분수로 바꾸기
>
> 분자끼리 빼기
>
> $$1 - \frac{2}{4} = \frac{4}{4} - \frac{2}{4} = \frac{4-2}{4} = \frac{2}{4}$$
>
> 분모는 그대로 두기

1 $1 - \dfrac{1}{2}$

2 $1 - \dfrac{1}{3}$

3 $1 - \dfrac{3}{4}$

4 $1 - \dfrac{2}{5}$

5 $1 - \dfrac{4}{5}$

6 $1 - \dfrac{3}{6}$

7 $1 - \dfrac{5}{6}$

8 $1 - \dfrac{1}{7}$

9 $1 - \dfrac{5}{7}$

10 $1 - \dfrac{3}{8}$

11 $1 - \dfrac{6}{8}$

12 $1 - \dfrac{2}{9}$

13 $1 - \dfrac{7}{9}$

14 $1 - \dfrac{5}{10}$

15 $1 - \dfrac{8}{10}$

16 $1 - \dfrac{4}{11}$

17 $1 - \dfrac{9}{11}$

251028-0474 ~ 251028-0494

18 $1 - \dfrac{7}{12}$

19 $1 - \dfrac{11}{12}$

20 $1 - \dfrac{3}{11}$

21 $1 - \dfrac{10}{11}$

22 $1 - \dfrac{4}{12}$

23 $1 - \dfrac{11}{12}$

24 $1 - \dfrac{6}{13}$

25 $1 - \dfrac{10}{13}$

26 $1 - \dfrac{5}{14}$

27 $1 - \dfrac{11}{14}$

28 $1 - \dfrac{6}{15}$

29 $1 - \dfrac{13}{15}$

30 $1 - \dfrac{9}{16}$

31 $1 - \dfrac{11}{16}$

32 $1 - \dfrac{8}{17}$

33 $1 - \dfrac{14}{17}$

34 $1 - \dfrac{7}{18}$

35 $1 - \dfrac{16}{18}$

36 $1 - \dfrac{9}{19}$

37 $1 - \dfrac{17}{19}$

38 $1 - \dfrac{8}{20}$

✽ **계산해 보세요.**

251028-0495 ~ 251028-0511

연산Key

1을 빼는 수의 분모와 같게 가분수로 바꾼 다음 분모는 그대로 두고 분자끼리 빼요.

$$1-\frac{5}{6}=\frac{6}{6}-\frac{5}{6}=\frac{6-5}{6}=\frac{1}{6}$$

빼는 수의 분모와 같게 바꾸기   분모는 그대로 두기

1. $1-\dfrac{2}{11}$

2. $1-\dfrac{9}{14}$

3. $1-\dfrac{8}{21}$

4. $1-\dfrac{7}{15}$

5. $1-\dfrac{15}{20}$

6. $1-\dfrac{8}{9}$

7. $1-\dfrac{3}{12}$

8. $1-\dfrac{15}{22}$

9. $1-\dfrac{2}{13}$

10. $1-\dfrac{18}{23}$

11. $1-\dfrac{10}{13}$

12. $1-\dfrac{17}{24}$

13. $1-\dfrac{4}{10}$

14. $1-\dfrac{13}{25}$

15. $1-\dfrac{12}{16}$

16. $1-\dfrac{18}{26}$

17. $1-\dfrac{14}{17}$

18 $1 - \dfrac{13}{19}$

19 $1 - \dfrac{11}{18}$

20 $1 - \dfrac{6}{7}$

21 $1 - \dfrac{5}{9}$

22 $1 - \dfrac{11}{20}$

23 $1 - \dfrac{9}{10}$

24 $1 - \dfrac{10}{21}$

25 $1 - \dfrac{17}{24}$

26 $1 - \dfrac{4}{13}$

27 $1 - \dfrac{17}{23}$

28 $1 - \dfrac{13}{17}$

29 $1 - \dfrac{10}{12}$

30 $1 - \dfrac{11}{19}$

31 $1 - \dfrac{11}{22}$

32 $1 - \dfrac{16}{21}$

33 $1 - \dfrac{22}{25}$

34 $1 - \dfrac{10}{16}$

35 $1 - \dfrac{10}{14}$

36 $1 - \dfrac{15}{27}$

37 $1 - \dfrac{17}{18}$

38 $1 - \dfrac{12}{15}$

✿ **두 수의 차를 구해 보세요.**

251028-0533 ~ 251028-0546

연산Key

분모가 같은 두 분수의 뺄셈을 할 때 분모를 빼면 안 돼요.

$$\frac{4}{6} \qquad \frac{3}{6}$$

분자끼리 빼기

$$\frac{4}{6} - \frac{3}{6} = \frac{4-3}{6} = \frac{1}{6}$$

분모는 그대로 두기

1 $\dfrac{3}{4} \qquad \dfrac{2}{4}$

2 $1 \qquad \dfrac{1}{5}$

3 $\dfrac{4}{5} \qquad \dfrac{2}{5}$

4 $\dfrac{2}{7} \qquad \dfrac{5}{7}$

5 $\dfrac{6}{7} \qquad 1$

6 $\dfrac{2}{8} \qquad \dfrac{5}{8}$

7 $1 \qquad \dfrac{7}{8}$

8 $\dfrac{1}{9} \qquad \dfrac{5}{9}$

9 $1 \qquad \dfrac{6}{9}$

10 $\dfrac{3}{10} \qquad 1$

11 $\dfrac{9}{11} \qquad \dfrac{4}{11}$

12 $\dfrac{7}{11} \qquad 1$

13 $\dfrac{7}{12} \qquad \dfrac{3}{12}$

14 $1 \qquad \dfrac{6}{12}$

15 $\dfrac{2}{4}$ 1

16 $\dfrac{2}{9}$ $\dfrac{6}{9}$

17 1 $\dfrac{5}{12}$

18 $\dfrac{5}{7}$ $\dfrac{3}{7}$

19 $\dfrac{13}{19}$ 1

20 $\dfrac{12}{18}$ $\dfrac{7}{18}$

21 $\dfrac{3}{5}$ $\dfrac{2}{5}$

22 $\dfrac{13}{18}$ $\dfrac{4}{18}$

23 $\dfrac{3}{10}$ $\dfrac{7}{10}$

24 1 $\dfrac{6}{20}$

25 $\dfrac{11}{15}$ $\dfrac{8}{15}$

26 $\dfrac{9}{21}$ 1

27 1 $\dfrac{2}{6}$

28 $\dfrac{5}{13}$ $\dfrac{11}{13}$

29 $\dfrac{8}{14}$ 1

30 $\dfrac{2}{11}$ $\dfrac{8}{11}$

31 1 $\dfrac{9}{16}$

32 $\dfrac{13}{22}$ $\dfrac{8}{22}$

분수의 뺄셈(2)

❶ 분수끼리 뺄 수 있는 분모가 같은
   (대분수)−(대분수)의 계산 익히기

❷ 분수끼리 뺄 수 있는 분모가 같은
   (대분수)−(가분수)의 계산 익히기

분수끼리 뺄 수 있는 분모가 같은 대분수의 뺄셈은 어떻게 계산해야 할까?
분수끼리 뺄 수 있는 분모가 같은 대분수의 뺄셈 계산 연습은 분수끼리
뺄 수 없는 분모가 같은 대분수의 뺄셈의 기초가 돼.
자, 그럼 분수끼리 뺄 수 있는 분모가 같은 대분수의 뺄셈을 공부해 보자.

❶ 분수끼리 뺄 수 있는 분모가 같은 (대분수) − (대분수)의 계산을 해 보아요.

$$\left[\,3\frac{4}{5}-2\frac{2}{5}\text{의 계산}\,\right]$$

방법 1 자연수는 자연수끼리, 분수는 분수끼리 뺍니다.

자연수끼리 빼기

분수끼리 빼기

$$3\frac{4}{5}-2\frac{2}{5}=(3-2)+\left(\frac{4}{5}-\frac{2}{5}\right)=1\frac{2}{5}$$

$$4\frac{5}{7}-1\frac{3}{7}$$
$$=(4-1)+\left(\frac{5}{7}-\frac{3}{7}\right)$$
$$=3+\frac{2}{7}=3\frac{2}{7}$$

방법 2 대분수를 가분수로 바꾸어 분자끼리 뺀 후 차가 가분수이면 대분수로 바꿉니다.

$$3\frac{4}{5}-2\frac{2}{5}=\frac{19}{5}-\frac{12}{5}=\frac{7}{5}=1\frac{2}{5}$$

대분수를 가분수로 바꾸기   가분수를 대분수로 바꾸기

❷ 분수끼리 뺄 수 있는 분모가 같은 (대분수) − (가분수)의 계산을 해 보아요.

$$\left[\,3\frac{2}{3}-\frac{7}{3}\text{의 계산}\,\right]$$

방법 1 가분수를 대분수로 바꾸어 계산합니다.

$$3\frac{2}{3}-\frac{7}{3}=3\frac{2}{3}-2\frac{1}{3}$$

가분수를 대분수로 바꾸기

$$=(3-2)+\left(\frac{2}{3}-\frac{1}{3}\right)=1\frac{1}{3}$$

$$2\frac{3}{4}-\frac{5}{4}=2\frac{3}{4}-1\frac{1}{4}$$
$$=(2-1)+\left(\frac{3}{4}-\frac{1}{4}\right)$$
$$=1+\frac{2}{4}=1\frac{2}{4}$$

방법 2 대분수를 가분수로 바꾸어 계산합니다.

$$3\frac{2}{3}-\frac{7}{3}=\frac{11}{3}-\frac{7}{3}=\frac{4}{3}=1\frac{1}{3}$$

대분수를 가분수로 바꾸기   가분수를 대분수로 바꾸기

이해 안 되는 내용이 있으면 한번 더 공부하고 연산력 키우기로 넘어가세요.

251028-0565 ~ 251028-0578

❋ **계산해 보세요.**

연산Key

자연수끼리 빼기

$$3\frac{4}{5} - 2\frac{1}{5} = (3-2) + \left(\frac{4}{5} - \frac{1}{5}\right)$$

분수끼리 빼기

$$= 1 + \frac{3}{5} = 1\frac{3}{5}$$

9 $5\dfrac{8}{10} - 2\dfrac{5}{10}$

10 $2\dfrac{7}{11} - 1\dfrac{2}{11}$

1 $2\dfrac{2}{3} - 1\dfrac{1}{3}$

2 $3\dfrac{3}{4} - 1\dfrac{2}{4}$

3 $5\dfrac{4}{5} - 2\dfrac{2}{5}$

4 $3\dfrac{5}{6} - 2\dfrac{3}{6}$

5 $5\dfrac{4}{7} - 3\dfrac{2}{7}$

6 $6\dfrac{7}{8} - 4\dfrac{5}{8}$

7 $3\dfrac{7}{9} - 2\dfrac{4}{9}$

8 $6\dfrac{8}{9} - 3\dfrac{3}{9}$

11 $3\dfrac{9}{12} - 2\dfrac{3}{12}$

12 $7\dfrac{10}{12} - 5\dfrac{7}{12}$

13 $4\dfrac{10}{13} - 3\dfrac{1}{13}$

14 $6\dfrac{11}{13} - 3\dfrac{6}{13}$

251028-0579 ~ 251028-0599

(15) $5\dfrac{3}{4} - 4\dfrac{1}{4}$

(16) $3\dfrac{3}{5} - 2\dfrac{1}{5}$

(17) $4\dfrac{5}{6} - 3\dfrac{2}{6}$

(18) $5\dfrac{4}{6} - 1\dfrac{3}{6}$

(19) $3\dfrac{6}{7} - 2\dfrac{4}{7}$

(20) $4\dfrac{5}{7} - 2\dfrac{1}{7}$

(21) $2\dfrac{4}{8} - 1\dfrac{3}{8}$

(22) $5\dfrac{7}{8} - 3\dfrac{3}{8}$

(23) $2\dfrac{7}{9} - 1\dfrac{2}{9}$

(24) $4\dfrac{8}{9} - 3\dfrac{6}{9}$

(25) $4\dfrac{9}{10} - 2\dfrac{3}{10}$

(26) $3\dfrac{9}{11} - 1\dfrac{5}{11}$

(27) $2\dfrac{11}{12} - 1\dfrac{9}{12}$

(28) $5\dfrac{12}{13} - 2\dfrac{11}{13}$

(29) $2\dfrac{13}{14} - 1\dfrac{9}{14}$

(30) $3\dfrac{10}{15} - 2\dfrac{7}{15}$

(31) $5\dfrac{9}{16} - 4\dfrac{7}{16}$

(32) $4\dfrac{13}{17} - 3\dfrac{11}{17}$

(33) $3\dfrac{15}{18} - 2\dfrac{13}{18}$

(34) $6\dfrac{17}{18} - 5\dfrac{14}{18}$

(35) $4\dfrac{18}{19} - 3\dfrac{3}{19}$

❈ **계산해 보세요.**

251028-0600 ~ 251028-0616

연산Key

대분수를 가분수로 모두 바꾸기

$$3\frac{4}{5} - 1\frac{3}{5} = \frac{19}{5} - \frac{8}{5} = \frac{11}{5} = 2\frac{1}{5}$$

가분수를 대분수로 바꾸기

1 $3\dfrac{2}{5} - 2\dfrac{1}{5}$

2 $4\dfrac{3}{5} - 2\dfrac{2}{5}$

3 $2\dfrac{4}{6} - 1\dfrac{3}{6}$

4 $6\dfrac{5}{6} - 3\dfrac{2}{6}$

5 $3\dfrac{6}{7} - 2\dfrac{4}{7}$

6 $5\dfrac{5}{7} - 2\dfrac{4}{7}$

7 $2\dfrac{6}{8} - 1\dfrac{2}{8}$

8 $5\dfrac{7}{8} - 1\dfrac{3}{8}$

9 $3\dfrac{8}{9} - 2\dfrac{6}{9}$

10 $4\dfrac{5}{9} - 1\dfrac{2}{9}$

11 $2\dfrac{7}{10} - 1\dfrac{2}{10}$

12 $2\dfrac{8}{10} - 1\dfrac{6}{10}$

13 $3\dfrac{9}{11} - 2\dfrac{2}{11}$

14 $5\dfrac{7}{11} - 3\dfrac{3}{11}$

15 $2\dfrac{11}{12} - 1\dfrac{7}{12}$

16 $5\dfrac{10}{12} - 2\dfrac{9}{12}$

17 $3\dfrac{10}{13} - 2\dfrac{5}{13}$

18. $4\dfrac{9}{13} - 1\dfrac{3}{13}$

19. $6\dfrac{2}{4} - 4\dfrac{1}{4}$

20. $3\dfrac{6}{7} - 2\dfrac{2}{7}$

21. $4\dfrac{9}{11} - 1\dfrac{7}{11}$

22. $5\dfrac{10}{16} - 2\dfrac{4}{16}$

23. $3\dfrac{15}{20} - 1\dfrac{7}{20}$

24. $6\dfrac{7}{11} - 3\dfrac{4}{11}$

25. $5\dfrac{13}{15} - 4\dfrac{9}{15}$

26. $3\dfrac{4}{5} - 1\dfrac{3}{5}$

27. $4\dfrac{7}{9} - 3\dfrac{3}{9}$

28. $5\dfrac{15}{19} - 4\dfrac{8}{19}$

29. $5\dfrac{14}{18} - 3\dfrac{7}{18}$

30. $3\dfrac{13}{14} - 1\dfrac{8}{14}$

31. $2\dfrac{14}{17} - 1\dfrac{10}{17}$

32. $4\dfrac{18}{21} - 4\dfrac{15}{21}$

33. $5\dfrac{5}{6} - 5\dfrac{2}{6}$

34. $6\dfrac{5}{8} - 6\dfrac{3}{8}$

35. $3\dfrac{11}{12} - 3\dfrac{9}{12}$

36. $7\dfrac{8}{10} - 7\dfrac{2}{10}$

37. $2\dfrac{21}{26} - 2\dfrac{17}{26}$

38. $9\dfrac{8}{13} - 9\dfrac{3}{13}$

251028-0638 ~ 251028-0655

❄ 계산해 보세요.

연산Key

가분수를 대분수로 바꾸어 계산해요.

$$2\frac{3}{4} - \frac{6}{4} = 2\frac{3}{4} - 1\frac{2}{4}$$

가분수를 대분수로 바꾸기

$$= (2-1) + \left(\frac{3}{4} - \frac{2}{4}\right)$$

$$= 1 + \frac{1}{4} = 1\frac{1}{4}$$

① $3\dfrac{2}{4} - \dfrac{5}{4}$

② $6\dfrac{4}{5} - \dfrac{8}{5}$

③ $3\dfrac{3}{6} - \dfrac{7}{6}$

④ $4\dfrac{5}{7} - \dfrac{8}{7}$

⑤ $5\dfrac{6}{8} - \dfrac{9}{8}$

⑥ $4\dfrac{5}{9} - \dfrac{12}{9}$

⑦ $6\dfrac{9}{10} - \dfrac{15}{10}$

⑧ $5\dfrac{8}{11} - \dfrac{17}{11}$

⑨ $6\dfrac{10}{12} - \dfrac{19}{12}$

⑩ $4\dfrac{8}{13} - \dfrac{16}{13}$

⑪ $3\dfrac{12}{14} - \dfrac{23}{14}$

⑫ $7\dfrac{13}{15} - \dfrac{20}{15}$

⑬ $3\dfrac{11}{16} - \dfrac{23}{16}$

⑭ $6\dfrac{12}{17} - \dfrac{21}{17}$

⑮ $5\dfrac{11}{18} - \dfrac{22}{18}$

⑯ $2\dfrac{17}{19} - \dfrac{32}{19}$

⑰ $3\dfrac{13}{20} - \dfrac{26}{20}$

⑱ $5\dfrac{16}{21} - \dfrac{28}{21}$

19 $2\dfrac{9}{10} - \dfrac{12}{10}$

20 $5\dfrac{5}{7} - \dfrac{11}{7}$

21 $3\dfrac{10}{14} - \dfrac{21}{14}$

22 $4\dfrac{9}{12} - \dfrac{17}{12}$

23 $5\dfrac{11}{23} - \dfrac{31}{23}$

24 $3\dfrac{13}{15} - \dfrac{19}{15}$

25 $6\dfrac{23}{26} - \dfrac{44}{26}$

26 $3\dfrac{7}{8} - \dfrac{12}{8}$

27 $5\dfrac{15}{19} - \dfrac{25}{19}$

28 $4\dfrac{15}{18} - \dfrac{25}{18}$

29 $7\dfrac{18}{20} - \dfrac{33}{20}$

30 $5\dfrac{11}{17} - \dfrac{22}{17}$

31 $3\dfrac{22}{25} - \dfrac{42}{25}$

32 $4\dfrac{6}{9} - \dfrac{10}{9}$

33 $4\dfrac{9}{13} - \dfrac{29}{13}$

34 $6\dfrac{21}{22} - \dfrac{52}{22}$

35 $4\dfrac{7}{11} - \dfrac{25}{11}$

36 $4\dfrac{13}{16} - \dfrac{41}{16}$

37 $6\dfrac{20}{21} - \dfrac{58}{21}$

38 $7\dfrac{21}{24} - \dfrac{57}{24}$

39 $5\dfrac{14}{23} - \dfrac{55}{23}$

✽ **계산해 보세요.**

251028-0677 ~ 251028-0694

연산Key

대분수를 가분수로 바꾸어 계산해요.

$$2\frac{3}{4} - \frac{6}{4} = \frac{11}{4} - \frac{6}{4} = \frac{11-6}{4}$$

대분수를 가분수로 바꾸기

$$= \frac{5}{4} = 1\frac{1}{4}$$

1 $3\frac{3}{4} - \frac{5}{4}$

2 $2\frac{2}{5} - \frac{7}{5}$

3 $\frac{18}{5} - 1\frac{2}{5}$

4 $4\frac{3}{6} - \frac{13}{6}$

5 $\frac{19}{7} - 1\frac{2}{7}$

6 $3\frac{6}{7} - \frac{12}{7}$

7 $\frac{23}{8} - 1\frac{3}{8}$

8 $4\frac{4}{8} - \frac{17}{8}$

9 $\frac{25}{9} - 1\frac{5}{9}$

10 $3\frac{5}{9} - \frac{20}{9}$

11 $\frac{39}{10} - 1\frac{3}{10}$

12 $4\frac{7}{10} - \frac{15}{10}$

13 $5\frac{9}{11} - \frac{30}{11}$

14 $\frac{43}{12} - 1\frac{8}{12}$

15 $4\frac{9}{12} - \frac{32}{12}$

16 $\frac{35}{13} - 2\frac{5}{13}$

17 $5\frac{11}{13} - \frac{40}{13}$

18 $2\frac{13}{14} - \frac{16}{14}$

19 $3\dfrac{4}{5} - \dfrac{13}{5}$

20 $\dfrac{34}{9} - 1\dfrac{5}{9}$

21 $2\dfrac{9}{13} - \dfrac{19}{13}$

22 $\dfrac{50}{14} - 2\dfrac{8}{14}$

23 $3\dfrac{17}{18} - \dfrac{22}{18}$

24 $\dfrac{31}{12} - 1\dfrac{5}{12}$

25 $3\dfrac{7}{23} - \dfrac{28}{23}$

26 $6\dfrac{3}{4} - \dfrac{14}{4}$

27 $\dfrac{19}{7} - 2\dfrac{5}{7}$

28 $3\dfrac{6}{10} - \dfrac{13}{10}$

29 $2\dfrac{8}{11} - \dfrac{17}{11}$

30 $\dfrac{60}{16} - 2\dfrac{13}{16}$

31 $3\dfrac{17}{20} - \dfrac{29}{20}$

32 $\dfrac{39}{22} - 1\dfrac{12}{22}$

33 $3\dfrac{5}{6} - \dfrac{8}{6}$

34 $\dfrac{21}{8} - 1\dfrac{5}{8}$

35 $4\dfrac{12}{15} - \dfrac{22}{15}$

36 $\dfrac{58}{17} - 2\dfrac{3}{17}$

37 $3\dfrac{11}{19} - \dfrac{28}{19}$

38 $\dfrac{119}{21} - 3\dfrac{8}{21}$

39 $5\dfrac{15}{24} - \dfrac{51}{24}$

❋ **두 수의 차를 구해 보세요.**

251028-0716 ~ 251028-0729

연산Key

대분수의 뺄셈은 자연수는 자연수끼리, 분수는 분수끼리 빼요.

$$3\frac{4}{6} \quad 1\frac{1}{6}$$

$$3\frac{4}{6} - 1\frac{1}{6} = (3-1) + \left(\frac{4}{6} - \frac{1}{6}\right)$$

$$= 2 + \frac{3}{6} = 2\frac{3}{6}$$

1 $\quad 6\frac{3}{4} \quad 2\frac{2}{4}$

2 $\quad 1\frac{1}{5} \quad 4\frac{4}{5}$

3 $\quad 2\frac{3}{6} \quad 5\frac{5}{6}$

4 $\quad 1\frac{2}{7} \quad 3\frac{4}{7}$

5 $\quad 4\frac{6}{7} \quad 2\frac{3}{7}$

6 $\quad 1\frac{3}{8} \quad 4\frac{6}{8}$

7 $\quad 4\frac{7}{9} \quad 3\frac{2}{9}$

8 $\quad 1\frac{1}{9} \quad 5\frac{5}{9}$

9 $\quad 3\frac{9}{10} \quad 2\frac{4}{10}$

10 $\quad 1\frac{5}{11} \quad 3\frac{7}{11}$

11 $\quad 4\frac{11}{12} \quad 3\frac{3}{12}$

12 $\quad 3\frac{11}{13} \quad 1\frac{4}{13}$

13 $\quad 5\frac{9}{14} \quad 3\frac{6}{14}$

14 $\quad 4\frac{13}{15} \quad 1\frac{7}{15}$

15 $4\dfrac{4}{7}\qquad \dfrac{15}{7}$

16 $\dfrac{12}{7}\qquad 3\dfrac{6}{7}$

17 $1\dfrac{2}{8}\qquad \dfrac{27}{8}$

18 $\dfrac{38}{8}\qquad 3\dfrac{3}{8}$

19 $3\dfrac{8}{9}\qquad \dfrac{24}{9}$

20 $\dfrac{11}{9}\qquad 3\dfrac{7}{9}$

21 $5\dfrac{7}{10}\qquad \dfrac{45}{10}$

22 $\dfrac{36}{10}\qquad 1\dfrac{3}{10}$

23 $1\dfrac{2}{11}\qquad \dfrac{30}{11}$

24 $\dfrac{17}{11}\qquad 4\dfrac{9}{11}$

25 $5\dfrac{11}{12}\qquad \dfrac{25}{12}$

26 $\dfrac{65}{12}\qquad 3\dfrac{4}{12}$

27 $7\dfrac{11}{13}\qquad \dfrac{44}{13}$

28 $\dfrac{29}{13}\qquad 3\dfrac{5}{13}$

29 $4\dfrac{11}{15}\qquad \dfrac{23}{15}$

30 $\dfrac{25}{15}\qquad 2\dfrac{13}{15}$

31 $3\dfrac{13}{15}\qquad \dfrac{35}{15}$

32 $\dfrac{31}{18}\qquad 4\dfrac{17}{18}$

분수의 뺄셈(3)

학습목표

❶ (자연수)−(진분수)의 계산 익히기

❷ (자연수)−(대분수)의 계산 익히기

❸ (자연수)−(가분수)의 계산 익히기

(자연수)−(분수)는 어떻게 계산해야 할까?
(자연수)−(분수)의 계산은 분수끼리 뺄 수 없는 대분수의 뺄셈의
기초가 돼.
자, 그럼 (자연수)−(분수)의 계산을 공부해 보자.

① **(자연수) ─ (진분수)의 계산을 해 보아요.**

$$\left[\, 3-\dfrac{3}{5}\text{의 계산} \,\right]$$

자연수에서 1만큼을 분수로 바꾼 후 분수끼리 뺍니다.

$$3-\dfrac{3}{5}=2\dfrac{5}{5}-\dfrac{3}{5}=2+\left(\dfrac{5}{5}-\dfrac{3}{5}\right)=2+\dfrac{2}{5}=2\dfrac{2}{5}$$

② **(자연수) ─ (대분수)의 계산을 해 보아요.**

$$\left[\, 4-1\dfrac{2}{3}\text{의 계산} \,\right]$$

방법 1 자연수에서 1만큼을 분수로 바꾼 후 자연수끼리, 분수끼리 뺍니다.

$$4-1\dfrac{2}{3}=3\dfrac{3}{3}-1\dfrac{2}{3}=(3-1)+\left(\dfrac{3}{3}-\dfrac{2}{3}\right)$$
$$=2+\dfrac{1}{3}=2\dfrac{1}{3}$$

방법 2 자연수와 대분수를 가분수로 바꾸어 계산합니다.

$$4-1\dfrac{2}{3}=\dfrac{12}{3}-\dfrac{5}{3}=\dfrac{7}{3}=2\dfrac{1}{3}$$

연산Key

$$7-2\dfrac{13}{26}=\dfrac{182}{26}-\dfrac{65}{26}$$
$$=\dfrac{117}{26}=4\dfrac{13}{26}$$

③ **(자연수) ─ (가분수)의 계산을 해 보아요.**

$$\left[\, 3-\dfrac{9}{4}\text{의 계산} \,\right]$$

방법 1 자연수를 가분수로 바꾸어 계산합니다.

$$3-\dfrac{9}{4}=\dfrac{12}{4}-\dfrac{9}{4}=\dfrac{3}{4}$$

방법 2 자연수와 가분수를 대분수로 바꾸어 계산합니다.

$$3-\dfrac{9}{4}=2\dfrac{4}{4}-2\dfrac{1}{4}=\dfrac{3}{4}$$

연산Key

$$8-\dfrac{55}{26}=7\dfrac{26}{26}-2\dfrac{3}{26}$$
$$=(7-2)+\left(\dfrac{26}{26}-\dfrac{3}{26}\right)$$
$$=5\dfrac{23}{26}$$

이해 안 되는 내용이 있으면 **한번 더 공부**하고 연산력 키우기로 넘어가세요.

✽ 계산해 보세요.

251028-0748 ~ 251028-0765

연산Key

자연수에서 1만큼을 분수로 바꾸기

$$3 - \frac{3}{4} = 2\frac{4}{4} - \frac{3}{4}$$

$$3 = 2 + 1$$
$$= 2 + \frac{4}{4}$$
$$= 2\frac{4}{4}$$

자연수끼리, 분수끼리 계산하기

$$= 2 + \left(\frac{4}{4} - \frac{3}{4}\right)$$

$$= 2 + \frac{1}{4} = 2\frac{1}{4}$$

1 $6 - \dfrac{2}{6}$

2 $3 - \dfrac{2}{7}$

3 $5 - \dfrac{4}{7}$

4 $4 - \dfrac{5}{8}$

5 $6 - \dfrac{4}{8}$

6 $3 - \dfrac{5}{9}$

7 $5 - \dfrac{3}{9}$

8 $3 - \dfrac{9}{10}$

9 $4 - \dfrac{7}{10}$

10 $2 - \dfrac{8}{11}$

11 $3 - \dfrac{5}{11}$

12 $5 - \dfrac{7}{12}$

13 $7 - \dfrac{9}{12}$

14 $4 - \dfrac{10}{13}$

15 $5 - \dfrac{11}{13}$

16 $3 - \dfrac{13}{14}$

17 $6 - \dfrac{5}{14}$

18 $4 - \dfrac{12}{15}$

251028-0766 ~ 251028-0786

⑲ $5 - \dfrac{1}{4}$

⑳ $2 - \dfrac{2}{5}$

㉑ $4 - \dfrac{1}{6}$

㉒ $5 - \dfrac{3}{6}$

㉓ $2 - \dfrac{4}{7}$

㉔ $4 - \dfrac{5}{7}$

㉕ $3 - \dfrac{1}{8}$

㉖ $5 - \dfrac{3}{8}$

㉗ $3 - \dfrac{2}{9}$

㉘ $4 - \dfrac{2}{9}$

㉙ $2 - \dfrac{3}{10}$

㉚ $3 - \dfrac{4}{11}$

㉛ $5 - \dfrac{8}{12}$

㉜ $4 - \dfrac{6}{13}$

㉝ $6 - \dfrac{5}{14}$

㉞ $3 - \dfrac{11}{15}$

㉟ $2 - \dfrac{15}{16}$

㊱ $2 - \dfrac{11}{17}$

㊲ $3 - \dfrac{13}{18}$

㊳ $3 - \dfrac{12}{20}$

㊴ $5 - \dfrac{17}{20}$

❋ 계산해 보세요.

251028-0787 ~ 251028-0804

연산Key

자연수에서 1만큼을 분수로 바꾼 후 자연수끼리, 분수끼리 빼요.

$$4 - 1\frac{2}{6} = 3\frac{6}{6} - 1\frac{2}{6}$$
$$= (3-1) + \left(\frac{6}{6} - \frac{2}{6}\right)$$
$$= 2 + \frac{4}{6} = 2\frac{4}{6}$$

1 $\quad 3 - 1\frac{3}{4}$

2 $\quad 5 - 2\frac{2}{5}$

3 $\quad 3 - 1\frac{4}{6}$

4 $\quad 4 - 2\frac{3}{7}$

5 $\quad 2 - 1\frac{5}{8}$

6 $\quad 3 - 1\frac{7}{9}$

7 $\quad 5 - 3\frac{5}{10}$

8 $\quad 4 - 2\frac{6}{11}$

9 $\quad 6 - 3\frac{7}{12}$

10 $\quad 3 - 1\frac{8}{13}$

11 $\quad 2 - 1\frac{11}{14}$

12 $\quad 6 - 3\frac{7}{15}$

13 $\quad 4 - 1\frac{9}{16}$

14 $\quad 5 - 3\frac{11}{17}$

15 $\quad 4 - 2\frac{16}{18}$

16 $\quad 7 - 4\frac{13}{19}$

17 $\quad 2 - 1\frac{15}{20}$

18 $\quad 4 - 2\frac{19}{21}$

19 $4 - 1\dfrac{1}{3}$

20 $3 - 1\dfrac{7}{8}$

21 $5 - 2\dfrac{3}{10}$

22 $3 - 1\dfrac{8}{14}$

23 $4 - 2\dfrac{6}{19}$

24 $8 - 5\dfrac{5}{17}$

25 $3 - 1\dfrac{7}{16}$

26 $6 - 3\dfrac{3}{13}$

27 $2 - 1\dfrac{5}{14}$

28 $5 - 2\dfrac{4}{15}$

29 $4 - 1\dfrac{8}{12}$

30 $3 - 1\dfrac{9}{18}$

31 $6 - 3\dfrac{17}{20}$

32 $7 - 3\dfrac{8}{23}$

33 $4 - 1\dfrac{3}{5}$

34 $7 - 2\dfrac{4}{9}$

35 $9 - 2\dfrac{9}{11}$

36 $10 - 2\dfrac{11}{13}$

37 $11 - 4\dfrac{18}{22}$

38 $12 - 4\dfrac{13}{15}$

39 $13 - 4\dfrac{17}{21}$

251028-0826 ~ 251028-0841

✽ **계산해 보세요.**

연산Key

$$3 - 1\frac{1}{5} = \frac{15}{5} - \frac{6}{5} = \frac{9}{5} = 1\frac{4}{5}$$

자연수와 대분수를 가분수로 바꾸기   가분수를 대분수로 바꾸기

1. $5 - 3\frac{1}{2}$

2. $3 - 2\frac{1}{3}$

3. $4 - 2\frac{2}{3}$

4. $4 - 2\frac{3}{4}$

5. $5 - 2\frac{1}{4}$

6. $6 - 2\frac{4}{5}$

7. $3 - 2\frac{4}{6}$

8. $5 - 1\frac{3}{6}$

9. $3 - 2\frac{5}{7}$

10. $7 - 2\frac{4}{7}$

11. $5 - 3\frac{5}{8}$

12. $4 - 2\frac{5}{9}$

13. $8 - 2\frac{7}{9}$

14. $3 - 1\frac{7}{10}$

15. $6 - 4\frac{9}{10}$

16. $4 - 2\frac{3}{11}$

17) $6 - 2\dfrac{2}{4}$

18) $3 - 2\dfrac{6}{7}$

19) $6 - 3\dfrac{4}{9}$

20) $5 - 3\dfrac{7}{16}$

21) $6 - 3\dfrac{3}{10}$

22) $5 - 2\dfrac{14}{15}$

23) $6 - 2\dfrac{8}{12}$

24) $3 - 2\dfrac{3}{5}$

25) $5 - 3\dfrac{3}{8}$

26) $4 - 2\dfrac{8}{11}$

27) $5 - 2\dfrac{11}{10}$

28) $3 - 2\dfrac{5}{14}$

29) $7 - 3\dfrac{4}{11}$

30) $4 - 2\dfrac{18}{20}$

31) $4 - 3\dfrac{1}{6}$

32) $5 - 1\dfrac{9}{12}$

33) $4 - 3\dfrac{7}{15}$

34) $3 - 1\dfrac{9}{20}$

35) $2 - 1\dfrac{9}{18}$

36) $7 - 3\dfrac{10}{13}$

37) $4 - 1\dfrac{15}{21}$

❋ 계산해 보세요.

251028-0863 ~ 251028-0881

연산Key

자연수를 가분수로 바꾸어 분자끼리 빼요.

$$4 - \frac{7}{4} = \frac{16}{4} - \frac{7}{4}$$
$$= \frac{9}{4} = 2\frac{1}{4}$$

1 $4 - \dfrac{9}{5}$

2 $3 - \dfrac{15}{6}$

3 $2 - \dfrac{9}{7}$

4 $5 - \dfrac{12}{7}$

5 $3 - \dfrac{13}{8}$

6 $4 - \dfrac{19}{8}$

7 $5 - \dfrac{15}{9}$

8 $5 - \dfrac{22}{9}$

9 $4 - \dfrac{21}{10}$

10 $6 - \dfrac{19}{10}$

11 $3 - \dfrac{20}{11}$

12 $6 - \dfrac{34}{11}$

13 $4 - \dfrac{17}{12}$

14 $5 - \dfrac{25}{12}$

15 $2 - \dfrac{15}{13}$

16 $4 - \dfrac{25}{13}$

17 $5 - \dfrac{45}{14}$

18 $4 - \dfrac{19}{15}$

19 $5 - \dfrac{55}{16}$

20 $3 - \dfrac{13}{5}$

21 $4 - \dfrac{15}{9}$

22 $2 - \dfrac{18}{13}$

23 $4 - \dfrac{29}{14}$

24 $3 - \dfrac{23}{18}$

25 $5 - \dfrac{27}{12}$

26 $2 - \dfrac{27}{23}$

27 $3 - \dfrac{34}{27}$

28 $11 - \dfrac{17}{4}$

29 $10 - \dfrac{15}{7}$

30 $4 - \dfrac{13}{10}$

31 $8 - \dfrac{23}{11}$

32 $5 - \dfrac{35}{16}$

33 $4 - \dfrac{43}{20}$

34 $3 - \dfrac{35}{22}$

35 $4 - \dfrac{47}{25}$

36 $7 - \dfrac{11}{6}$

37 $5 - \dfrac{22}{8}$

38 $4 - \dfrac{23}{15}$

39 $5 - \dfrac{39}{17}$

40 $5 - \dfrac{24}{19}$

251028-0903 ~ 251028-0916

❋ 두 수의 차를 구해 보세요.

연산Key

자연수에서 1만큼을 분수로 바꾸어 자연수는 자연수끼리, 분수는 분수끼리 빼요.

$$3 \qquad 1\frac{2}{6}$$

$$3 - 1\frac{2}{6} = 2\frac{6}{6} - 1\frac{2}{6} = (2-1) + \left(\frac{6}{6} - \frac{2}{6}\right)$$
$$= 1 + \frac{4}{6} = 1\frac{4}{6}$$

1 $6 \qquad 2\frac{1}{3}$

2 $1\frac{3}{5} \qquad 4$

3 $5 \qquad 1\frac{4}{5}$

4 $1\frac{3}{7} \qquad 6$

5 $7 \qquad 2\frac{3}{8}$

6 $1\frac{2}{8} \qquad 4$

7 $5 \qquad 3\frac{11}{15}$

8 $1\frac{3}{9} \qquad 6$

9 $3\frac{4}{10} \qquad 8$

10 $2\frac{5}{11} \qquad 3$

11 $4 \qquad 1\frac{5}{12}$

12 $2\frac{7}{12} \qquad 5$

13 $3 \qquad 1\frac{3}{13}$

14 $2\frac{7}{13} \qquad 5$

자연수에서 1만큼을 분수로 바꿔서 뺄셈을 해요.

15 $\quad 4 \qquad 1\dfrac{6}{14}$

16 $\quad \dfrac{14}{5} \qquad 4$

17 $\quad 3 \qquad \dfrac{13}{6}$

18 $\quad \dfrac{30}{7} \qquad 8$

19 $\quad 4 \qquad \dfrac{16}{7}$

20 $\quad \dfrac{17}{8} \qquad 5$

21 $\quad 8 \qquad \dfrac{19}{8}$

22 $\quad 8 \qquad \dfrac{34}{9}$

23 $\quad 4 \qquad \dfrac{27}{10}$

24 $\quad \dfrac{39}{10} \qquad 7$

25 $\quad 6 \qquad \dfrac{50}{11}$

26 $\quad \dfrac{26}{11} \qquad 9$

27 $\quad 5 \qquad \dfrac{31}{12}$

28 $\quad 7 \qquad \dfrac{45}{13}$

29 $\quad \dfrac{37}{14} \qquad 5$

30 $\quad 6 \qquad \dfrac{22}{15}$

31 $\quad \dfrac{29}{16} \qquad 2$

32 $\quad 5 \qquad \dfrac{40}{17}$

분수의 뺄셈(4)

학습목표

❶ 분수끼리 뺄 수 없는 (대분수)−(대분수)의 계산 익히기

❷ 분수끼리 뺄 수 없는 (대분수)−(가분수)의 계산 익히기

분수끼리 뺄 수 없는 (대분수)−(분수)는 어떻게 계산해야 할까?
분수끼리 뺄 수 없는 (대분수)−(분수)의 계산 연습은 분모가 다른 분수의 뺄셈의 기초가 돼.
자, 그럼 분수끼리 뺄 수 없는 (대분수)−(분수)의 계산을 공부해 보자.

1 분수끼리 뺄 수 없는 (대분수)―(대분수)의 계산을 해 보아요.

$$\left[3\frac{2}{5} - 1\frac{4}{5}\text{의 계산} \right]$$

방법 1 자연수에서 1만큼을 분수로 바꾸어 자연수끼리, 분수끼리 뺍니다.

$$3\frac{2}{5} - 1\frac{4}{5} = 2\frac{7}{5} - 1\frac{4}{5}$$
$$= (2-1) + \left(\frac{7}{5} - \frac{4}{5} \right) = 1\frac{3}{5}$$

방법 2 대분수를 가분수로 바꾸어 분자끼리 뺀 후 계산 결과가 가분수이면 대분수로 바꿉니다.

$$3\frac{2}{5} - 1\frac{4}{5} = \frac{17}{5} - \frac{9}{5} = \frac{8}{5} = 1\frac{3}{5}$$

연산Key

$$4\frac{2}{7} - 1\frac{5}{7}$$
$$= 3\frac{9}{7} - 1\frac{5}{7}$$
$$= (3-1) + \left(\frac{9}{7} - \frac{5}{7} \right)$$
$$= 2\frac{4}{7}$$

대분수의 자연수 부분에서 1만큼을 분수로 바꾸어 진분수와 더해요.

2 분수끼리 뺄 수 없는 (대분수)―(가분수)의 계산을 해 보아요.

$$\left[4\frac{1}{6} - \frac{17}{6}\text{의 계산} \right]$$

방법 1 가분수를 대분수로 바꾸어 계산합니다.

$$4\frac{1}{6} - \frac{17}{6} = 4\frac{1}{6} - 2\frac{5}{6} = 3\frac{7}{6} - 2\frac{5}{6}$$
$$= (3-2) + \left(\frac{7}{6} - \frac{5}{6} \right) = 1\frac{2}{6}$$

방법 2 대분수를 가분수로 바꾸어 계산합니다.

$$4\frac{1}{6} - \frac{17}{6} = \frac{25}{6} - \frac{17}{6} = \frac{8}{6} = 1\frac{2}{6}$$

연산Key

$$3\frac{1}{4} - \frac{11}{4} = \frac{13}{4} - \frac{11}{4} = \frac{2}{4}$$

자연수와 분모가 작은 수인 경우에는 가분수로 고쳐서 계산하면 더 간단해져요.

이해 안 되는 내용이 있으면 한번 더 공부하고 연산력 키우기로 넘어가세요.

✳ **계산해 보세요.**

251028-0935 ~ 251028-0951

연산Key

$$4\frac{2}{5}-1\frac{4}{5}=3\frac{7}{5}-1\frac{4}{5}$$

빼지는 수의 자연수에서 1만큼을 가분수로 바꾸기

$$=(3-1)+\left(\frac{7}{5}-\frac{4}{5}\right)$$

$$=2+\frac{3}{5}=2\frac{3}{5}$$

1 $4\dfrac{3}{6}-1\dfrac{4}{6}$

2 $6\dfrac{1}{6}-3\dfrac{5}{6}$

3 $3\dfrac{2}{7}-2\dfrac{6}{7}$

4 $5\dfrac{3}{7}-3\dfrac{5}{7}$

5 $2\dfrac{6}{8}-1\dfrac{7}{8}$

6 $4\dfrac{5}{8}-2\dfrac{7}{8}$

7 $3\dfrac{4}{9}-1\dfrac{5}{9}$

8 $6\dfrac{3}{9}-4\dfrac{8}{9}$

9 $2\dfrac{3}{10}-1\dfrac{7}{10}$

10 $5\dfrac{7}{10}-2\dfrac{9}{10}$

11 $3\dfrac{6}{11}-1\dfrac{9}{11}$

12 $4\dfrac{6}{11}-3\dfrac{10}{11}$

13 $2\dfrac{5}{12}-1\dfrac{11}{12}$

14 $5\dfrac{7}{12}-3\dfrac{9}{12}$

15 $4\dfrac{6}{13}-1\dfrac{12}{13}$

16 $7\dfrac{8}{13}-4\dfrac{11}{13}$

17 $4\dfrac{9}{14}-2\dfrac{13}{14}$

18 $3\dfrac{7}{14} - 2\dfrac{8}{14}$

19 $5\dfrac{4}{7} - 2\dfrac{6}{7}$

20 $5\dfrac{6}{10} - 2\dfrac{8}{10}$

21 $4\dfrac{3}{14} - 1\dfrac{11}{14}$

22 $4\dfrac{8}{19} - 3\dfrac{12}{19}$

23 $8\dfrac{5}{17} - 3\dfrac{14}{17}$

24 $3\dfrac{3}{16} - 1\dfrac{9}{16}$

25 $5\dfrac{8}{24} - 3\dfrac{19}{24}$

26 $2\dfrac{2}{6} - 1\dfrac{5}{6}$

27 $2\dfrac{3}{8} - 1\dfrac{4}{8}$

28 $4\dfrac{4}{12} - 2\dfrac{10}{12}$

29 $3\dfrac{7}{18} - 2\dfrac{13}{18}$

30 $6\dfrac{13}{20} - 5\dfrac{17}{20}$

31 $7\dfrac{12}{23} - 5\dfrac{18}{23}$

32 $2\dfrac{8}{25} - 1\dfrac{12}{25}$

33 $3\dfrac{4}{9} - 2\dfrac{7}{9}$

34 $7\dfrac{5}{11} - 4\dfrac{7}{11}$

35 $7\dfrac{3}{13} - 2\dfrac{4}{13}$

36 $7\dfrac{9}{22} - 4\dfrac{17}{22}$

37 $4\dfrac{6}{15} - 3\dfrac{12}{15}$

38 $6\dfrac{13}{21} - 4\dfrac{19}{21}$

251028-0973 ~ 251028-0988

❋ 계산해 보세요.

연산Key

$$3\frac{2}{6} - 1\frac{5}{6} = \frac{20}{6} - \frac{11}{6} = \frac{9}{6} = 1\frac{3}{6}$$

대분수를 가분수로 바꾸기

1 $5\frac{1}{4} - 3\frac{2}{4}$

2 $6\frac{1}{5} - 2\frac{3}{5}$

3 $3\frac{2}{6} - 2\frac{3}{6}$

4 $4\frac{3}{7} - 2\frac{6}{7}$

5 $2\frac{3}{8} - 1\frac{7}{8}$

6 $5\frac{3}{10} - 3\frac{7}{10}$

7 $4\frac{2}{11} - 2\frac{9}{11}$

8 $6\frac{5}{12} - 4\frac{9}{12}$

9 $3\frac{6}{13} - 1\frac{9}{13}$

10 $5\frac{6}{14} - 1\frac{11}{14}$

11 $4\frac{7}{16} - 1\frac{15}{16}$

12 $6\frac{6}{17} - 2\frac{14}{17}$

13 $4\frac{7}{18} - 2\frac{15}{18}$

14 $7\frac{8}{19} - 4\frac{12}{19}$

15 $2\frac{9}{20} - 1\frac{17}{20}$

16 $3\frac{8}{21} - 1\frac{16}{21}$

17 $7\dfrac{4}{9} - 3\dfrac{7}{9}$

18 $5\dfrac{4}{10} - 2\dfrac{9}{10}$

19 $3\dfrac{5}{14} - 1\dfrac{12}{14}$

20 $4\dfrac{7}{19} - 2\dfrac{16}{19}$

21 $2\dfrac{5}{17} - 1\dfrac{9}{17}$

22 $4\dfrac{6}{22} - 2\dfrac{11}{22}$

23 $5\dfrac{1}{24} - 3\dfrac{5}{24}$

24 $5\dfrac{1}{6} - 1\dfrac{4}{6}$

25 $7\dfrac{3}{7} - 4\dfrac{6}{7}$

26 $5\dfrac{5}{12} - 3\dfrac{8}{12}$

27 $5\dfrac{7}{16} - 2\dfrac{13}{16}$

28 $4\dfrac{7}{20} - 3\dfrac{16}{20}$

29 $4\dfrac{3}{21} - 1\dfrac{17}{21}$

30 $4\dfrac{4}{25} - 2\dfrac{14}{25}$

31 $4\dfrac{3}{8} - 3\dfrac{5}{8}$

32 $6\dfrac{3}{11} - 2\dfrac{6}{11}$

33 $5\dfrac{5}{13} - 1\dfrac{8}{13}$

34 $5\dfrac{3}{18} - 2\dfrac{7}{18}$

35 $6\dfrac{4}{15} - 3\dfrac{13}{15}$

36 $2\dfrac{4}{23} - 1\dfrac{6}{23}$

37 $2\dfrac{5}{26} - 1\dfrac{12}{26}$

251028-1010 ~ 251028-1024

✽ **계산해 보세요.**

연산Key

가분수를 대분수 바꾸기

$$3\frac{2}{5} - \frac{8}{5} = 3\frac{2}{5} - 1\frac{3}{5} = 2\frac{7}{5} - 1\frac{3}{5}$$

자연수에서 1만큼을 분수로 바꾸기

$$= (2-1) + \left(\frac{7}{5} - \frac{3}{5}\right)$$

$$= 1 + \frac{4}{5} = 1\frac{4}{5}$$

1 $\quad 3\frac{1}{5} - \frac{7}{5}$

2 $\quad 6\frac{2}{5} - \frac{13}{5}$

3 $\quad 2\frac{4}{6} - \frac{11}{6}$

4 $\quad 5\frac{1}{6} - \frac{15}{6}$

5 $\quad 4\frac{2}{7} - \frac{15}{7}$

6 $\quad 7\frac{1}{7} - \frac{23}{7}$

7 $\quad 2\frac{3}{8} - \frac{13}{8}$

8 $\quad 5\frac{5}{8} - \frac{23}{8}$

9 $\quad 4\frac{2}{9} - \frac{30}{9}$

10 $\quad 8\frac{4}{9} - \frac{34}{9}$

11 $\quad 3\frac{2}{10} - \frac{19}{10}$

12 $\quad 6\frac{5}{10} - \frac{39}{10}$

13 $\quad 4\frac{4}{11} - \frac{30}{11}$

14 $\quad 7\frac{2}{11} - \frac{38}{11}$

15 $\quad 3\frac{3}{12} - \frac{29}{12}$

16 $5\dfrac{7}{12} - \dfrac{32}{12}$

17 $3\dfrac{1}{13} - \dfrac{29}{13}$

18 $6\dfrac{4}{13} - \dfrac{33}{13}$

19 $5\dfrac{2}{4} - \dfrac{15}{4}$

20 $3\dfrac{2}{7} - \dfrac{20}{7}$

21 $6\dfrac{4}{9} - \dfrac{32}{9}$

22 $5\dfrac{3}{16} - \dfrac{39}{16}$

23 $4\dfrac{6}{10} - \dfrac{27}{10}$

24 $5\dfrac{5}{14} - \dfrac{25}{14}$

25 $6\dfrac{4}{17} - \dfrac{42}{17}$

26 $4\dfrac{14}{25} - \dfrac{47}{25}$

27 $3\dfrac{2}{5} - \dfrac{8}{5}$

28 $6\dfrac{4}{8} - \dfrac{39}{8}$

29 $4\dfrac{4}{11} - \dfrac{20}{11}$

30 $5\dfrac{7}{18} - \dfrac{47}{18}$

31 $3\dfrac{9}{15} - \dfrac{25}{15}$

32 $4\dfrac{5}{11} - \dfrac{28}{11}$

33 $4\dfrac{5}{22} - \dfrac{53}{22}$

34 $5\dfrac{9}{24} - \dfrac{61}{24}$

35 $4\dfrac{3}{6} - \dfrac{17}{6}$

36 $5\dfrac{4}{12} - \dfrac{19}{12}$

✿ **계산해 보세요.**

251028-1046 ~ 251028-1062

연산Key

$$4\frac{1}{4} - \frac{11}{4} = \frac{17}{4} - \frac{11}{4}$$

대분수를
가분수로 바꾸기

$$= \frac{6}{4} = 1\frac{2}{4}$$

가분수를
대분수로 바꾸기

1 $2\frac{2}{5} - \frac{9}{5}$

2 $5\frac{3}{5} - \frac{14}{5}$

3 $3\frac{1}{6} - \frac{15}{6}$

4 $2\frac{4}{7} - \frac{13}{7}$

5 $5\frac{2}{7} - \frac{17}{7}$

6 $3\frac{3}{8} - \frac{14}{8}$

7 $4\frac{1}{8} - \frac{19}{8}$

8 $3\frac{4}{9} - \frac{16}{9}$

9 $5\frac{3}{9} - \frac{25}{9}$

10 $4\frac{1}{10} - \frac{29}{10}$

11 $6\frac{7}{10} - \frac{18}{10}$

12 $3\frac{2}{11} - \frac{17}{11}$

13 $6\frac{4}{11} - \frac{39}{11}$

14 $4\frac{5}{12} - \frac{31}{12}$

15 $5\frac{3}{12} - \frac{33}{12}$

16 $2\frac{4}{13} - \frac{19}{13}$

17 $4\frac{5}{13} - \frac{34}{13}$

251028-1063 ~ 251028-1083

18. $3\dfrac{5}{14} - \dfrac{21}{14}$

19. $5\dfrac{7}{15} - \dfrac{39}{15}$

20. $3\dfrac{2}{5} - \dfrac{13}{5}$

21. $4\dfrac{1}{9} - \dfrac{15}{9}$

22. $2\dfrac{3}{13} - \dfrac{18}{13}$

23. $4\dfrac{6}{14} - \dfrac{35}{14}$

24. $3\dfrac{7}{18} - \dfrac{29}{18}$

25. $5\dfrac{7}{12} - \dfrac{35}{12}$

26. $2\dfrac{3}{23} - \dfrac{28}{23}$

27. $6\dfrac{1}{4} - \dfrac{18}{4}$

28. $5\dfrac{4}{7} - \dfrac{13}{7}$

29. $4\dfrac{4}{10} - \dfrac{17}{10}$

30. $3\dfrac{1}{11} - \dfrac{25}{11}$

31. $4\dfrac{9}{16} - \dfrac{43}{16}$

32. $5\dfrac{9}{20} - \dfrac{53}{20}$

33. $3\dfrac{5}{22} - \dfrac{35}{22}$

34. $7\dfrac{2}{6} - \dfrac{17}{6}$

35. $5\dfrac{3}{8} - \dfrac{28}{8}$

36. $4\dfrac{4}{15} - \dfrac{24}{15}$

37. $5\dfrac{13}{17} - \dfrac{32}{17}$

38. $3\dfrac{11}{19} - \dfrac{35}{19}$

🌸 **두 수의 차를 구해 보세요.**

연산Key

빼지는 자연수에서 1만큼을 분수로 바꾸어 자연수는 자연수끼리, 분수는 분수끼리 빼요.

$$3\frac{2}{7} \quad 1\frac{6}{7}$$

$$3\frac{2}{7} - 1\frac{6}{7} = 2\frac{9}{7} - 1\frac{6}{7}$$

빼지는 수

빼는 수

$$= (2-1) + \left(\frac{9}{7} - \frac{6}{7}\right)$$

$$= 1 + \frac{3}{7} = 1\frac{3}{7}$$

1 $\dfrac{13}{7} \quad 4\dfrac{3}{7}$

2 $6\dfrac{3}{7} \quad 3\dfrac{5}{7}$

3 $5\dfrac{4}{8} \quad 2\dfrac{7}{8}$

4 $4\dfrac{1}{8} \quad \dfrac{18}{8}$

5 $5\dfrac{4}{9} \quad 3\dfrac{8}{9}$

6 $\dfrac{22}{9} \quad 6\dfrac{2}{9}$

7 $3\dfrac{6}{10} \quad 1\dfrac{9}{10}$

8 $2\dfrac{7}{10} \quad 7\dfrac{3}{10}$

9 $4\dfrac{4}{11} \quad 2\dfrac{8}{11}$

10 $\dfrac{27}{11} \quad 3\dfrac{3}{11}$

11 $4\dfrac{7}{12} \quad 1\dfrac{11}{12}$

12 $2\dfrac{5}{12} \quad 5\dfrac{1}{12}$

13 $3\dfrac{5}{13} \quad \dfrac{19}{13}$

14 $3\dfrac{10}{13} \quad 6\dfrac{7}{13}$

15 $4\dfrac{9}{14} \quad \dfrac{39}{14}$

16 $2\dfrac{4}{5}\quad 4\dfrac{2}{5}$

17 $4\dfrac{2}{8}\quad \dfrac{19}{8}$

18 $\dfrac{55}{12}\quad 8\dfrac{5}{12}$

19 $\dfrac{36}{10}\quad 5\dfrac{5}{10}$

20 $3\dfrac{6}{15}\quad \dfrac{23}{15}$

21 $2\dfrac{6}{11}\quad 4\dfrac{3}{11}$

22 $7\dfrac{1}{5}\quad \dfrac{23}{5}$

23 $\dfrac{23}{8}\quad 4\dfrac{4}{8}$

24 $3\dfrac{2}{7}\quad 1\dfrac{4}{7}$

25 $2\dfrac{5}{6}\quad 8\dfrac{3}{6}$

26 $4\dfrac{1}{9}\quad 2\dfrac{7}{9}$

27 $3\dfrac{6}{7}\quad 5\dfrac{3}{7}$

28 $8\dfrac{1}{10}\quad 5\dfrac{4}{10}$

29 $4\dfrac{2}{7}\quad \dfrac{18}{7}$

30 $7\dfrac{6}{13}\quad 4\dfrac{9}{13}$

31 $\dfrac{37}{14}\quad 4\dfrac{3}{14}$

32 $1\dfrac{14}{16}\quad 3\dfrac{7}{16}$

33 $5\dfrac{7}{12}\quad \dfrac{32}{12}$

자릿수가 같은 소수의 덧셈

학습목표

❶ 소수 한 자리 수의 덧셈 익히기

❷ 소수 두 자리 수의 덧셈 익히기

자릿수가 같은 소수의 덧셈은 어떻게 계산해야 할까?
자릿수가 같은 소수의 덧셈은 자릿수가 다른 소수의 덧셈의 기초가 돼.
자, 그럼 자릿수가 같은 소수의 덧셈을 공부해 보자.

❶ 소수 한 자리 수의 덧셈을 해 보아요.

[0.5+0.2의 계산]

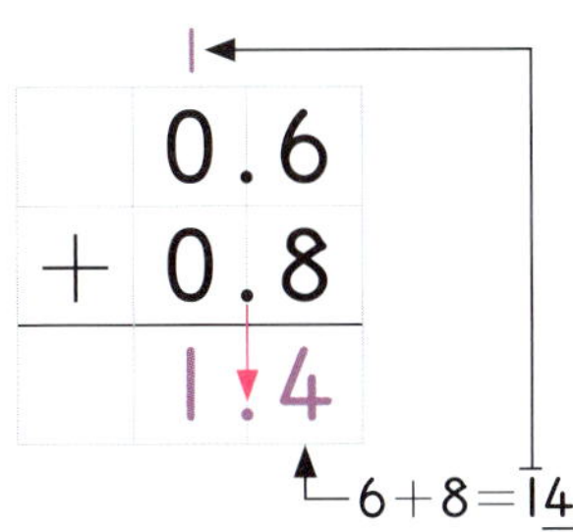

$$\begin{array}{r} 0.5 \\ +\ 0.2 \\ \hline 0.7 \end{array}$$

① 소수점끼리 맞추어 세로로 씁니다.

② 같은 자리 수끼리 더합니다.

③ 소수점을 그대로 내려 찍습니다.

[0.6+0.8의 계산]

$$\begin{array}{r} 0.6 \\ +\ 0.8 \\ \hline 1.4 \end{array}$$

└─6+8=14

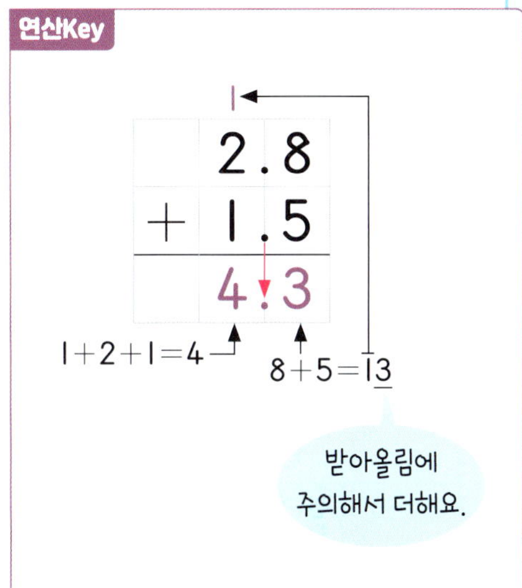

❷ 소수 두 자리 수의 덧셈을 해 보아요.

[0.25+0.34의 계산]

$$\begin{array}{r} 0.25 \\ +\ 0.34 \\ \hline 0.59 \end{array}$$

① 소수점끼리 맞추어 세로로 씁니다.

② 같은 자리 수끼리 더합니다.

③ 소수점을 그대로 내려 찍습니다.

[0.65+0.29의 계산]

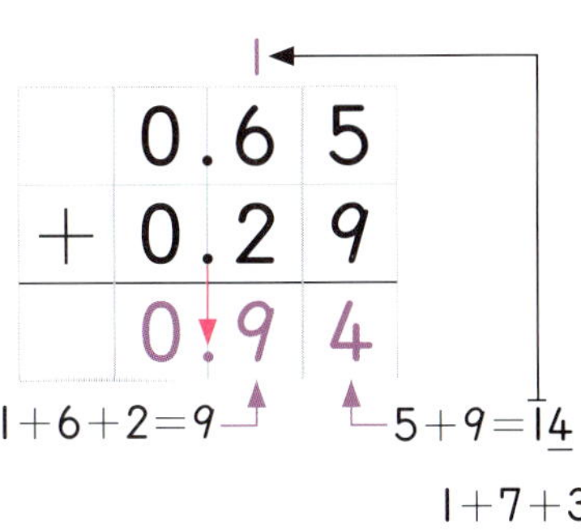

$$\begin{array}{r} 0.65 \\ +\ 0.29 \\ \hline 0.94 \end{array}$$

1+6+2=9   └─5+9=14

[0.78+0.35의 계산]

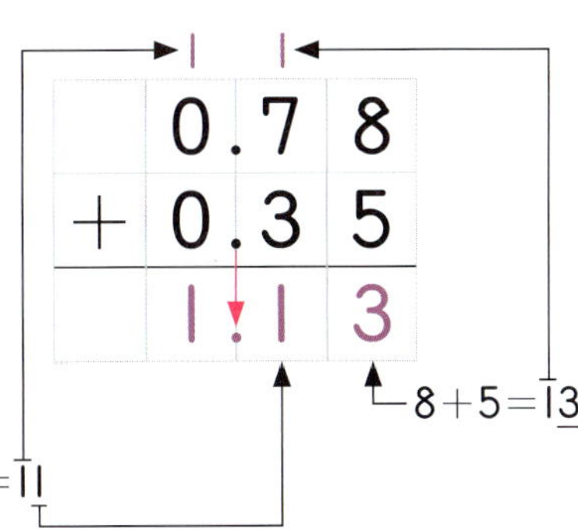

$$\begin{array}{r} 0.78 \\ +\ 0.35 \\ \hline 1.13 \end{array}$$

└─8+5=13

1+7+3=11

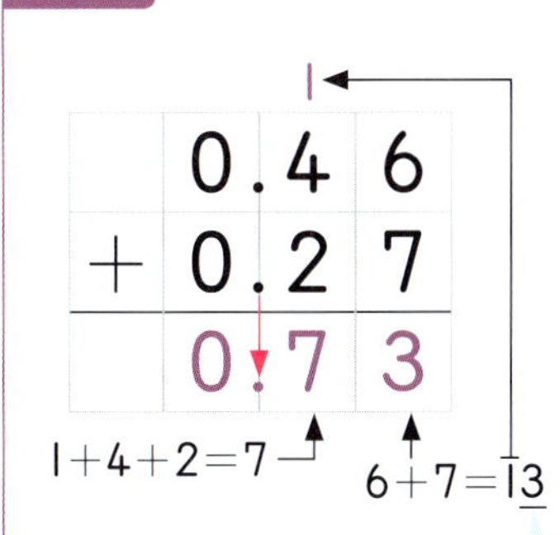

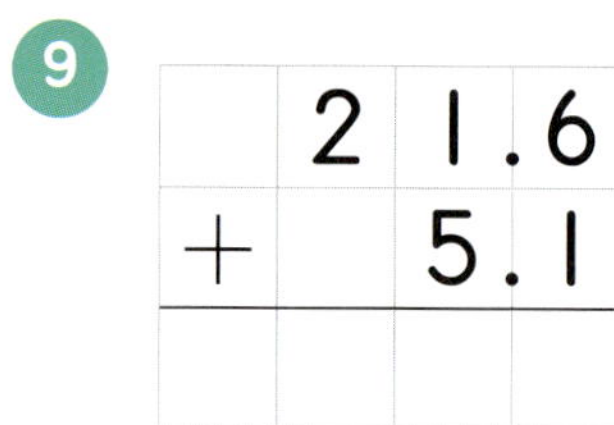

✱ **계산해 보세요.**

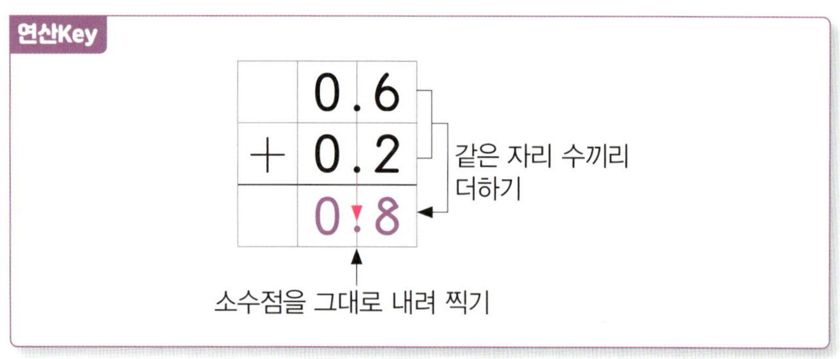

1

$$\begin{array}{r} 0.4 \\ +\ 0.3 \\ \hline \end{array}$$

2

$$\begin{array}{r} 0.5 \\ +\ 0.2 \\ \hline \end{array}$$

3

$$\begin{array}{r} 0.6 \\ +\ 0.3 \\ \hline \end{array}$$

4

$$\begin{array}{r} 1.2 \\ +\ 0.7 \\ \hline \end{array}$$

5

$$\begin{array}{r} 3.2 \\ +\ 5.6 \\ \hline \end{array}$$

6

$$\begin{array}{r} 2.5 \\ +\ 4.3 \\ \hline \end{array}$$

7

$$\begin{array}{r} 1.7 \\ +\ 7.2 \\ \hline \end{array}$$

8

$$\begin{array}{r} 2.5 \\ +\ 3.2 \\ \hline \end{array}$$

9

$$\begin{array}{r} 2\,1.6 \\ +\ \ \ 5.1 \\ \hline \end{array}$$

10

$$\begin{array}{r} 3\,2.3 \\ +\ \ \ 3.6 \\ \hline \end{array}$$

11

$$\begin{array}{r} 7.2 \\ +\ 3\,2.4 \\ \hline \end{array}$$

12

$$\begin{array}{r} 6.4 \\ +\ 5\,2.3 \\ \hline \end{array}$$

13

$$\begin{array}{r} 1.4 \\ +\ 4\,3.5 \\ \hline \end{array}$$

251028-1130 ～ 251028-1141

⑭ $6.4 + 3.5$

⑮ $1.2 + 8.6$

⑯ $3.6 + 4.2$

⑰ $2.1 + 6.3$

⑱ $15.4 + 5.4$

⑲ $25.1 + 3.8$

⑳ $35.5 + 2.4$

㉑ $13.7 + 3.2$

㉒ $4.2 + 23.6$

㉓ $5.3 + 43.4$

㉔ $36.5 + 20.2$

㉕ $62.8 + 10.1$

✽ **계산해 보세요.**

251028-1142 ~ 251028-1154

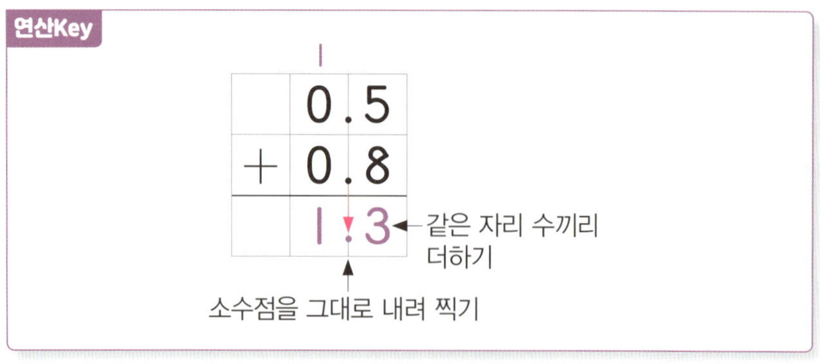

연산Key

$$\begin{array}{r} 0.5 \\ +\ 0.8 \\ \hline 1.3 \end{array}$$

← 같은 자리 수끼리 더하기

↑ 소수점을 그대로 내려 찍기

1
$$\begin{array}{r} 0.9 \\ +\ 0.2 \\ \hline \end{array}$$

2
$$\begin{array}{r} 0.6 \\ +\ 0.5 \\ \hline \end{array}$$

3
$$\begin{array}{r} 0.8 \\ +\ 1.3 \\ \hline \end{array}$$

4
$$\begin{array}{r} 0.9 \\ +\ 2.7 \\ \hline \end{array}$$

5
$$\begin{array}{r} 4.8 \\ +\ 2.6 \\ \hline \end{array}$$

6
$$\begin{array}{r} 3.7 \\ +\ 4.5 \\ \hline \end{array}$$

7
$$\begin{array}{r} 3.3 \\ +\ 5.8 \\ \hline \end{array}$$

8
$$\begin{array}{r} 4.7 \\ +\ 3.6 \\ \hline \end{array}$$

9
$$\begin{array}{r} 12.7 \\ +\ \ 5.9 \\ \hline \end{array}$$

10
$$\begin{array}{r} 23.8 \\ +\ \ 3.9 \\ \hline \end{array}$$

11
$$\begin{array}{r} 2.6 \\ +\ 36.5 \\ \hline \end{array}$$

12
$$\begin{array}{r} 4.4 \\ +\ 54.7 \\ \hline \end{array}$$

13
$$\begin{array}{r} 21.8 \\ +\ \ 3.5 \\ \hline \end{array}$$

⑭ $8.4 + 0.7$

⑱ $33.6 + 5.9$

㉒ $26.5 + 27.6$

⑮ $7.6 + 0.8$

⑲ $25.3 + 3.8$

㉓ $28.7 + 45.8$

⑯ $6.7 + 1.5$

⑳ $14.6 + 4.6$

㉔ $34.5 + 25.7$

⑰ $5.8 + 2.4$

㉑ $42.7 + 6.5$

㉕ $42.8 + 17.9$

❋ 계산해 보세요.

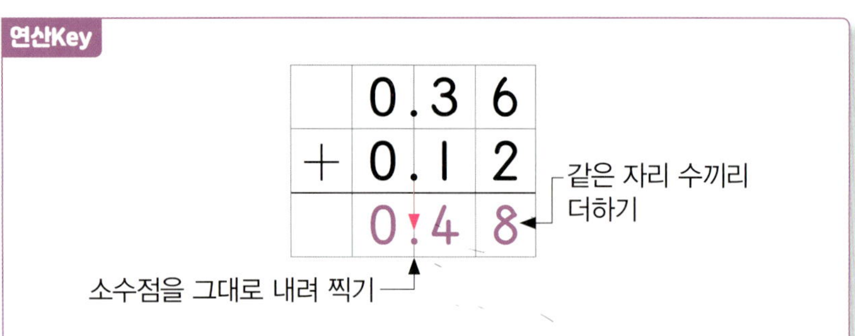

연산Key

$$
\begin{array}{r}
0.3\,6 \\
+\ 0.1\,2 \\
\hline
0.4\,8
\end{array}
$$

같은 자리 수끼리 더하기

소수점을 그대로 내려 찍기

1
$$
\begin{array}{r}
0.4\,3 \\
+\ 0.2\,6 \\
\hline
\end{array}
$$

2
$$
\begin{array}{r}
0.5\,2 \\
+\ 0.3\,4 \\
\hline
\end{array}
$$

3
$$
\begin{array}{r}
0.4\,7 \\
+\ 0.3\,1 \\
\hline
\end{array}
$$

4
$$
\begin{array}{r}
1.2\,5 \\
+\ 0.6\,3 \\
\hline
\end{array}
$$

5
$$
\begin{array}{r}
5.7\,6 \\
+\ 0.1\,3 \\
\hline
\end{array}
$$

6
$$
\begin{array}{r}
7.2\,1 \\
+\ 2.7\,8 \\
\hline
\end{array}
$$

7
$$
\begin{array}{r}
3.0\,5 \\
+\ 0.6\,2 \\
\hline
\end{array}
$$

8
$$
\begin{array}{r}
2.5\,6 \\
+\ 3.4\,1 \\
\hline
\end{array}
$$

9
$$
\begin{array}{r}
2\,5.0\,6 \\
+\ \ \ 3.9\,3 \\
\hline
\end{array}
$$

10
$$
\begin{array}{r}
3\,1.4\,3 \\
+\ \ \ 4.5\,2 \\
\hline
\end{array}
$$

11
$$
\begin{array}{r}
2.8\,4 \\
+\ 2\,3.0\,5 \\
\hline
\end{array}
$$

12
$$
\begin{array}{r}
3.3\,6 \\
+\ 4\,2.4\,2 \\
\hline
\end{array}
$$

13
$$
\begin{array}{r}
5.2\,4 \\
+\ 2\,3.4\,3 \\
\hline
\end{array}
$$

⑭ $71.23 + 7.36$

⑮ $43.42 + 4.45$

⑯ $2.61 + 35.25$

⑰ $2.72 + 6.25$

⑱ $3.14 + 5.43$

⑲ $5.24 + 3.72$

⑳ $6.52 + 3.06$

㉑ $4.72 + 23.05$

㉒ $41.21 + 24.26$

㉓ $24.31 + 43.54$

㉔ $36.35 + 21.12$

㉕ $63.53 + 14.16$

❋ 계산해 보세요.

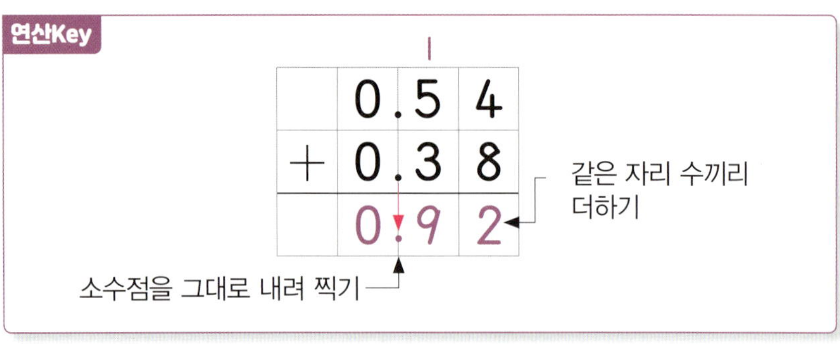

연산Key

$$
\begin{array}{r}
0.5\ 4 \\
+\ 0.3\ 8 \\
\hline
0.9\ 2
\end{array}
$$

같은 자리 수끼리 더하기

소수점을 그대로 내려 찍기

1
$$
\begin{array}{r}
0.5\ 4 \\
+\ 0.2\ 7 \\
\hline
\end{array}
$$

2
$$
\begin{array}{r}
0.4\ 9 \\
+\ 0.3\ 8 \\
\hline
\end{array}
$$

3
$$
\begin{array}{r}
0.6\ 5 \\
+\ 0.2\ 8 \\
\hline
\end{array}
$$

4
$$
\begin{array}{r}
0.1\ 6 \\
+\ 0.6\ 5 \\
\hline
\end{array}
$$

5
$$
\begin{array}{r}
4.5\ 6 \\
+\ 0.3\ 5 \\
\hline
\end{array}
$$

6
$$
\begin{array}{r}
6.3\ 6 \\
+\ 2.4\ 9 \\
\hline
\end{array}
$$

7
$$
\begin{array}{r}
5.0\ 5 \\
+\ 2.4\ 7 \\
\hline
\end{array}
$$

8
$$
\begin{array}{r}
5.3\ 7 \\
+\ 3.4\ 4 \\
\hline
\end{array}
$$

9
$$
\begin{array}{r}
1\ 5.2\ 8 \\
+\ \ \ 4.6\ 3 \\
\hline
\end{array}
$$

10
$$
\begin{array}{r}
2\ 6.5\ 8 \\
+\ \ \ 3.3\ 6 \\
\hline
\end{array}
$$

11
$$
\begin{array}{r}
\ \ \ 7.3\ 4 \\
+\ 4\ 1.2\ 7 \\
\hline
\end{array}
$$

12
$$
\begin{array}{r}
\ \ \ 5.1\ 6 \\
+\ 3\ 2.7\ 7 \\
\hline
\end{array}
$$

13
$$
\begin{array}{r}
\ \ \ 7.0\ 4 \\
+\ 2\ 0.0\ 8 \\
\hline
\end{array}
$$

⑭ $0.25 + 0.84$

⑱ $4.84 + 3.52$

㉒ $12.82 + 23.85$

⑮ $0.74 + 0.35$

⑲ $5.94 + 2.72$

㉓ $16.73 + 32.94$

⑯ $0.67 + 1.42$

⑳ $6.82 + 2.76$

㉔ $23.53 + 24.86$

⑰ $1.76 + 2.32$

㉑ $15.73 + 3.45$

㉕ $51.85 + 16.74$

✿ **계산해 보세요.**

251028-1217 ~ 251028-1229

연산Key

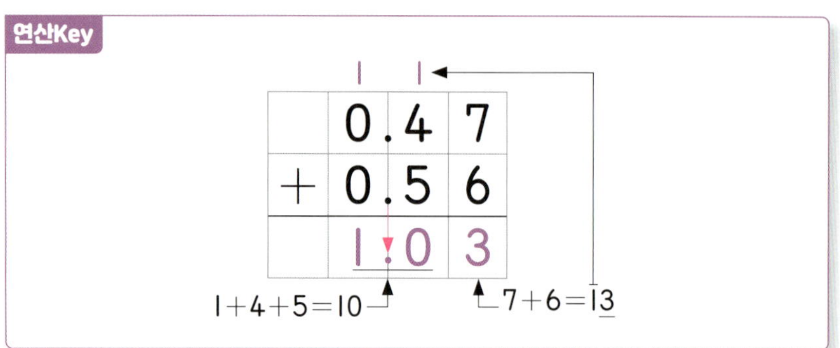

$$
\begin{array}{r}
0.4\,7 \\
+\ 0.5\,6 \\
\hline
1.0\,3
\end{array}
$$

$1+4+5=10$　$7+6=13$

1
$$
\begin{array}{r}
0.4\,5 \\
+\ 0.9\,7 \\
\hline
\end{array}
$$

2
$$
\begin{array}{r}
1.5\,1 \\
+\ 3.6\,9 \\
\hline
\end{array}
$$

3
$$
\begin{array}{r}
5.7\,8 \\
+\ 3.2\,5 \\
\hline
\end{array}
$$

4
$$
\begin{array}{r}
2\,3.7\,4 \\
+\ \ \ 4.8\,7 \\
\hline
\end{array}
$$

5
$$
\begin{array}{r}
0.8\,8 \\
+\ 0.2\,6 \\
\hline
\end{array}
$$

6
$$
\begin{array}{r}
0.6\,9 \\
+\ 0.5\,4 \\
\hline
\end{array}
$$

7
$$
\begin{array}{r}
2.7\,5 \\
+\ 0.5\,7 \\
\hline
\end{array}
$$

8
$$
\begin{array}{r}
2.9\,4 \\
+\ 6.2\,7 \\
\hline
\end{array}
$$

9
$$
\begin{array}{r}
4\,7.4\,5 \\
+\ 2\,1.9\,8 \\
\hline
\end{array}
$$

10
$$
\begin{array}{r}
1\,4.6\,8 \\
+\ 4\,3.7\,4 \\
\hline
\end{array}
$$

11
$$
\begin{array}{r}
7.6\,8 \\
+\ 5\,1.3\,5 \\
\hline
\end{array}
$$

12
$$
\begin{array}{r}
2\,5.9\,4 \\
+\ 4\,2.3\,7 \\
\hline
\end{array}
$$

13
$$
\begin{array}{r}
4\,3.8\,5 \\
+\ 2\,1.4\,6 \\
\hline
\end{array}
$$

⑭ $0.54 + 1.79$

⑮ $9.27 + 0.86$

⑯ $3.47 + 1.65$

⑰ $1.26 + 3.78$

⑱ $9.45 + 14.78$

⑲ $2.84 + 0.26$

⑳ $23.45 + 32.58$

㉑ $4.67 + 3.47$

㉒ $5.91 + 12.69$

㉓ $15.72 + 25.43$

㉔ $7.86 + 5.79$

㉕ $42.56 + 6.48$

자릿수가 다른 소수의 덧셈

학습목표

❶ 자릿수가 다른 소수의 덧셈 익히기

자릿수가 다른 소수의 덧셈은 어떻게 계산해야 할까?
자릿수가 다른 소수의 덧셈은 자릿수가 같은 소수의 덧셈과 같이
소수점끼리 맞추어 같은 자리 수끼리 계산해야 돼.
자, 그럼 자릿수가 다른 소수의 덧셈을 공부해 보자.

① **자릿수가 다른 소수의 덧셈을 해 보아요.**

[3+1.2의 계산]

$$\begin{array}{r} 3.0 \\ +\ 1.2 \\ \hline 4.2 \end{array}$$

① 3=3.0이므로 소수점끼리 맞추어 세로로 씁니다.

② 같은 자리 수끼리 더합니다.

③ 소수점을 그대로 내려 찍습니다.

연산Key

$$\begin{array}{r} 5.0 \\ +\ 2.6 \\ \hline 7.6 \end{array}$$

5는 5.0과 같아요.

[0.4+0.35의 계산]

$$\begin{array}{r} 0.4\ 0 \\ +\ 0.3\ 5 \\ \hline 0.7\ 5 \end{array}$$

① 0.4=0.40이므로 소수점끼리 맞추어 세로로 씁니다.

② 같은 자리 수끼리 더합니다.

③ 소수점을 그대로 내려 찍습니다.

연산Key

$$\begin{array}{r} 2.7\ 5 \\ +\ 1.6\ 0 \\ \hline 4.3\ 5 \end{array}$$

←5+0=5
1+2+1=4↰   ↰7+6=13

소수의 오른쪽 끝자리 뒤에 0이 있다고 생각하여 자릿수를 같게 맞춰요.

[0.26+0.327의 계산]

$$\begin{array}{r} 0.2\ 6\ 0 \\ +\ 0.3\ 2\ 7 \\ \hline 0.5\ 8\ 7 \end{array}$$

① 0.26=0.260이므로 소수점끼리 맞추어 세로로 씁니다.

② 같은 자리 수끼리 더합니다.

③ 소수점을 그대로 내려 찍습니다.

이해 안 되는 내용이 있으면 한번 더 공부하고 연산력 키우기로 넘어가세요.

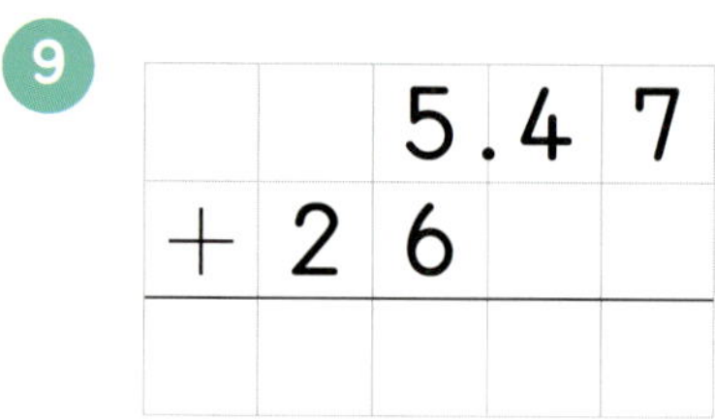

✽ **계산해 보세요.**

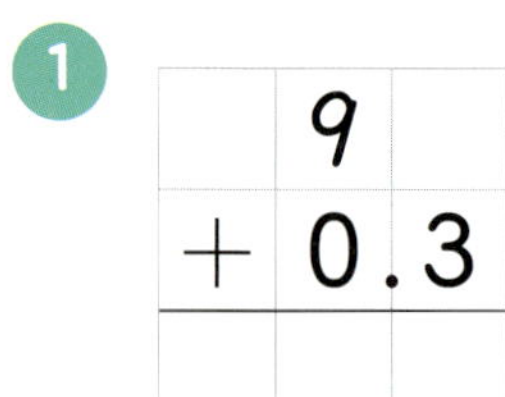

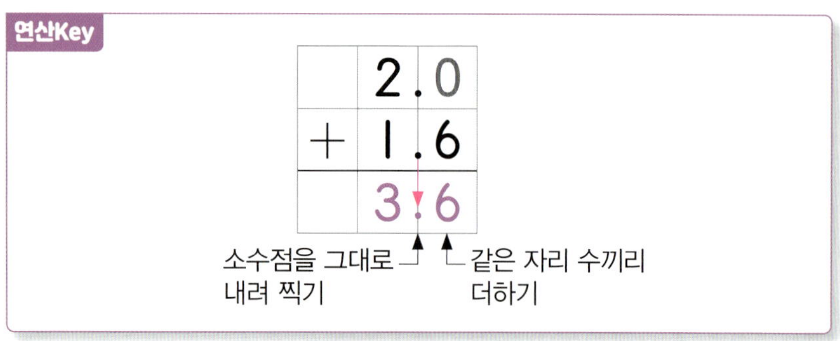

1

$$\begin{array}{r} 9 \\ +\ 0.3 \\ \hline \end{array}$$

2

$$\begin{array}{r} 4 \\ +\ 2.5 \\ \hline \end{array}$$

3

$$\begin{array}{r} 6.6 \\ +\ 5 \\ \hline \end{array}$$

4

$$\begin{array}{r} 1\ 5.4 \\ +\ \ \ \ 7 \\ \hline \end{array}$$

5

$$\begin{array}{r} 1\ 8 \\ +\ \ \ 3.7 \\ \hline \end{array}$$

6

$$\begin{array}{r} 2\ 4 \\ +\ 4\ 2.8 \\ \hline \end{array}$$

7

$$\begin{array}{r} 6.2\ 4 \\ +\ 5 \\ \hline \end{array}$$

8

$$\begin{array}{r} 8 \\ +\ 2.6\ 3 \\ \hline \end{array}$$

9

$$\begin{array}{r} 5.4\ 7 \\ +\ 2\ 6 \\ \hline \end{array}$$

10

$$\begin{array}{r} 4\ 2.5\ 8 \\ +\ 1\ 8 \\ \hline \end{array}$$

11

$$\begin{array}{r} 2\ 5 \\ +\ \ \ 5.6\ 4 \\ \hline \end{array}$$

12

$$\begin{array}{r} 3\ 7 \\ +\ 2\ 5.3\ 8 \\ \hline \end{array}$$

13

$$\begin{array}{r} 6\ 2 \\ +\ 3\ 6.7\ 2 \\ \hline \end{array}$$

⑭ $4 + 0.9$

⑱ $12 + 9.8$

㉒ $5 + 19.47$

⑮ $8 + 8.6$

⑲ $57 + 3.2$

㉓ $17 + 17.72$

⑯ $7 + 3.6$

⑳ $19 + 1.52$

㉔ $18 + 4.46$

⑰ $6 + 9.9$

㉑ $9 + 11.48$

㉕ $45 + 5.38$

✿ **계산해 보세요.**

251028-1267 ~ 251028-1279

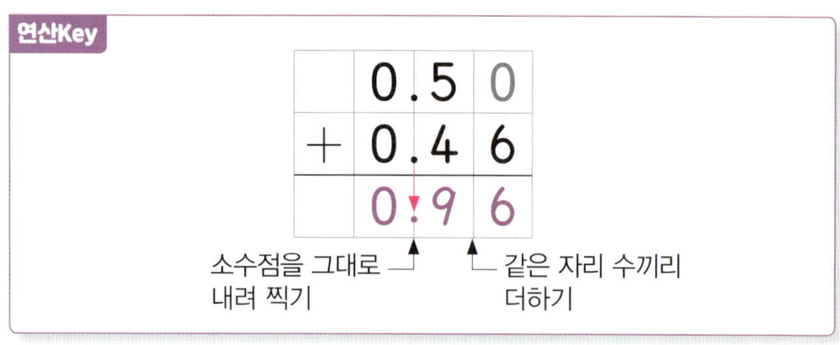

1

$$\begin{array}{r} 0.3 \\ +\ 0.64 \\ \hline \end{array}$$

2

$$\begin{array}{r} 0.4 \\ +\ 0.53 \\ \hline \end{array}$$

3

$$\begin{array}{r} 0.47 \\ +\ 0.2 \\ \hline \end{array}$$

4

$$\begin{array}{r} 0.76 \\ +\ 0.2 \\ \hline \end{array}$$

5

$$\begin{array}{r} 3.58 \\ +\ 1.4 \\ \hline \end{array}$$

6

$$\begin{array}{r} 5.2 \\ +\ 4.75 \\ \hline \end{array}$$

7

$$\begin{array}{r} 6.18 \\ +\ 7.3 \\ \hline \end{array}$$

8

$$\begin{array}{r} 8.4 \\ +\ 5.42 \\ \hline \end{array}$$

9

$$\begin{array}{r} 12.8 \\ +\ 6.04 \\ \hline \end{array}$$

10

$$\begin{array}{r} 34.59 \\ +\ 4.3 \\ \hline \end{array}$$

11

$$\begin{array}{r} 24.3 \\ +\ 15.26 \\ \hline \end{array}$$

12

$$\begin{array}{r} 41.25 \\ +\ 24.7 \\ \hline \end{array}$$

13

$$\begin{array}{r} 67.5 \\ +\ 32.04 \\ \hline \end{array}$$

14 $0.4 + 0.28$

18 $12.6 + 3.14$

22 $36.5 + 24.09$

15 $0.26 + 0.7$

19 $4.52 + 36.4$

23 $18.19 + 52.6$

16 $2.6 + 1.34$

20 $27.3 + 5.29$

24 $42.8 + 37.02$

17 $3.65 + 6.2$

21 $8.03 + 46.5$

25 $53.23 + 18.6$

✿ **계산해 보세요.**

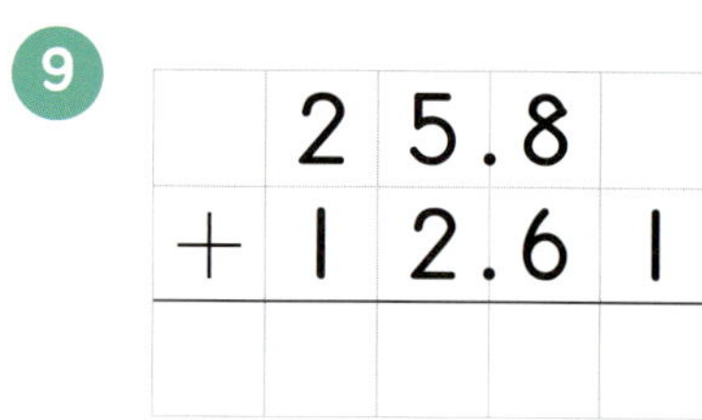

연산Key

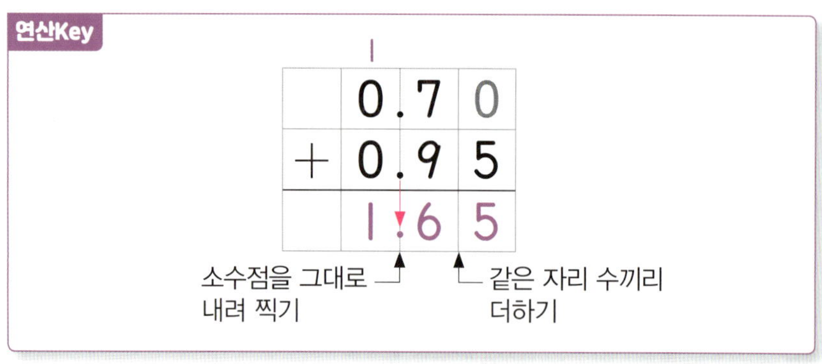

$$\begin{array}{r} 0.7\,0 \\ +\ 0.9\,5 \\ \hline 1.6\,5 \end{array}$$

소수점을 그대로 내려 찍기   같은 자리 수끼리 더하기

1
$$\begin{array}{r} 0.4 \\ +\ 0.8\,5 \\ \hline \end{array}$$

2
$$\begin{array}{r} 0.5\,7 \\ +\ 0.9 \\ \hline \end{array}$$

3
$$\begin{array}{r} 0.7 \\ +\ 0.4\,8 \\ \hline \end{array}$$

4
$$\begin{array}{r} 0.8\,3 \\ +\ 0.9 \\ \hline \end{array}$$

5
$$\begin{array}{r} 2.3\,7 \\ +\ 1.7 \\ \hline \end{array}$$

6
$$\begin{array}{r} 5.8\,1 \\ +\ 2.6 \\ \hline \end{array}$$

7
$$\begin{array}{r} 4.2 \\ +\ 3.8\,2 \\ \hline \end{array}$$

8
$$\begin{array}{r} 3.8 \\ +\ 4.2\,9 \\ \hline \end{array}$$

9
$$\begin{array}{r} 2\,5.8 \\ +\ 1\,2.6\,1 \\ \hline \end{array}$$

10
$$\begin{array}{r} 4\,2.6\,3 \\ +\ 2\,5.7 \\ \hline \end{array}$$

11
$$\begin{array}{r} 7.4\,6 \\ +\ 1\,2.7 \\ \hline \end{array}$$

12
$$\begin{array}{r} 9.9 \\ +\ 2\,0.1\,9 \\ \hline \end{array}$$

13
$$\begin{array}{r} 1\,3.7\,5 \\ +\ 6.9 \\ \hline \end{array}$$

251028-1305 ~ 251028-1316

14 $2.8 + 3.31$

18 $3.4 + 5.81$

22 $10.5 + 4.51$

15 $4.47 + 5.6$

19 $4.21 + 3.9$

23 $18.3 + 8.74$

16 $3.6 + 4.83$

20 $7.3 + 3.94$

24 $24.94 + 17.5$

17 $4.95 + 1.7$

21 $7.8 + 8.54$

25 $48.7 + 36.95$

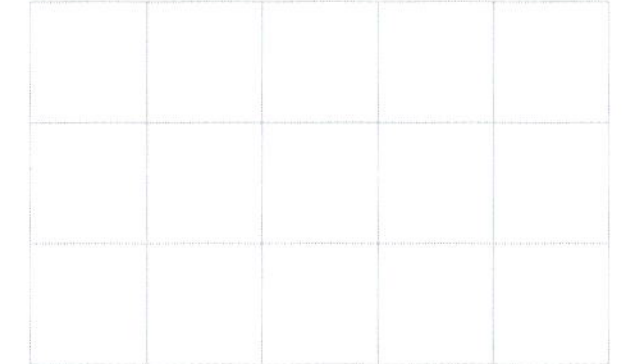

251028-1317 ~ 251028-1329

✽ 계산해 보세요.

연산Key

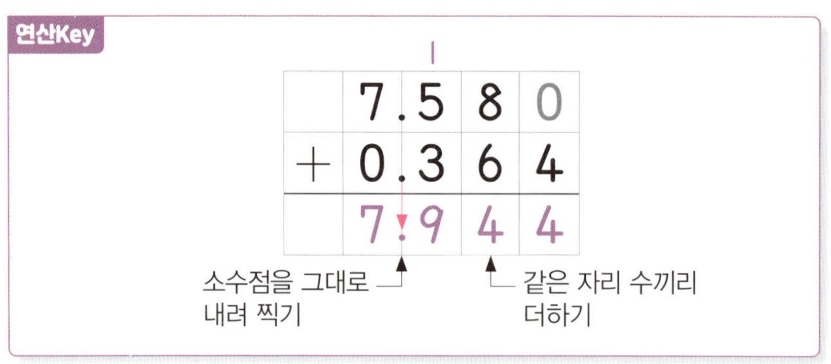

$$\begin{array}{r} 7.5\,8\,0 \\ +\ 0.3\,6\,4 \\ \hline 7.9\,4\,4 \end{array}$$

소수점을 그대로 내려 찍기 / 같은 자리 수끼리 더하기

1
$$\begin{array}{r} 0.3\,4 \\ +\ 0.1\,8\,6 \\ \hline \end{array}$$

2
$$\begin{array}{r} 0.4\,6\,8 \\ +\ 0.2\,4 \\ \hline \end{array}$$

3
$$\begin{array}{r} 0.5\,9 \\ +\ 0.1\,6\,5 \\ \hline \end{array}$$

4
$$\begin{array}{r} 0.2\,2\,7 \\ +\ 0.0\,8 \\ \hline \end{array}$$

5
$$\begin{array}{r} 2.6\,5\,3 \\ +\ 2.2\,8 \\ \hline \end{array}$$

6
$$\begin{array}{r} 4.3\,9 \\ +\ 3.5\,6\,3 \\ \hline \end{array}$$

7
$$\begin{array}{r} 5.1\,4\,9 \\ +\ 3.6\,7 \\ \hline \end{array}$$

8
$$\begin{array}{r} 6.6\,4 \\ +\ 1.0\,9\,7 \\ \hline \end{array}$$

9
$$\begin{array}{r} 8.4\,8\,3 \\ +\ 1\,6.4\,9 \\ \hline \end{array}$$

10
$$\begin{array}{r} 9.4\,6 \\ +\ 3\,5.2\,7\,4 \\ \hline \end{array}$$

11
$$\begin{array}{r} 1\,6.0\,8\,1 \\ +\ 8.6\,2 \\ \hline \end{array}$$

12
$$\begin{array}{r} 2\,7.2\,9 \\ +\ 2\,3.2\,9\,3 \\ \hline \end{array}$$

13
$$\begin{array}{r} 5\,2.6\,8\,3 \\ +\ 3\,8.0\,2 \\ \hline \end{array}$$

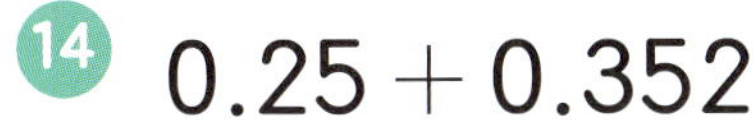
⑭ $0.25 + 0.352$

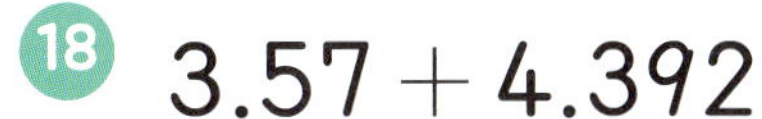
⑱ $3.57 + 4.392$

⑫ $3.046 + 9.68$

⑮ $0.585 + 0.36$

⑲ $5.072 + 2.84$

㉓ $17.26 + 7.564$

⑯ $0.67 + 0.252$

⑳ $6.39 + 4.517$

㉔ $27.071 + 23.65$

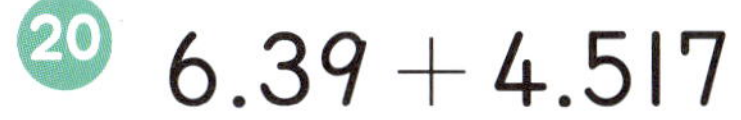

⑰ $0.864 + 1.06$

㉑ $7.693 + 8.26$

㉕ $45.27 + 38.295$

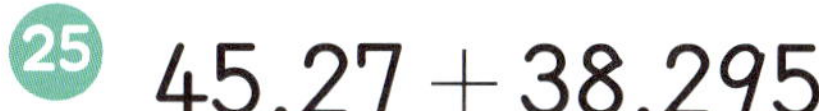

251028-1342 ~ 251028-1354

✽ **계산해 보세요.**

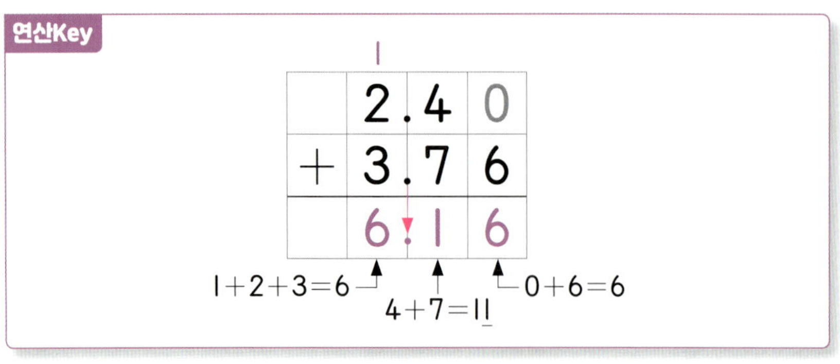

1

$$6$$
$$+0.7$$

2

$$1.8$$
$$+9$$

3

$$17$$
$$+\ \ 0.53$$

4

$$5.64$$
$$+21$$

5

$$3.74$$
$$+4.8$$

6

$$5.4$$
$$+3.76$$

7

$$7.35$$
$$+6.7$$

8

$$12.8$$
$$+23.24$$

9

$$3.547$$
$$+4.28$$

10

$$6.493$$
$$+2.6$$

11

$$8.7$$
$$+5.839$$

12

$$15.385$$
$$+\ \ 8.47$$

13

$$26.73$$
$$+17.548$$

⑭ $32 + 7.43$

⑮ $6.28 + 49$

⑯ $2.6 + 2.94$

⑰ $3.84 + 3.7$

⑱ $1.9 + 3.28$

⑲ $5.97 + 4.6$

⑳ $12.7 + 8.74$

㉑ $5.96 + 32.8$

㉒ $14.6 + 23.57$

㉓ $35.6 + 42.75$

㉔ $5.7 + 2.647$

㉕ $6.32 + 8.6$

㉖ $23.8 + 12.953$

㉗ $36.825 + 6.4$

㉘ $5.98 + 3.617$

㉙ $9.284 + 8.95$

㉚ $36.65 + 18.479$

㉛ $27.456 + 52.67$

자릿수가 같은 소수의 뺄셈

학습목표

❶ 소수 한 자리 수의 뺄셈 익히기

❷ 소수 두 자리 수의 뺄셈 익히기

자릿수가 같은 소수의 뺄셈은 어떻게 계산해야 할까?
자릿수가 같은 소수의 뺄셈은 자릿수가 다른 소수의 뺄셈의 기초가 돼.
자, 그럼 자릿수가 같은 소수의 뺄셈을 공부해 보자.

원리 깨치기

❶ 소수 한 자리 수의 뺄셈을 해 보아요.

[0.7−0.4의 계산]

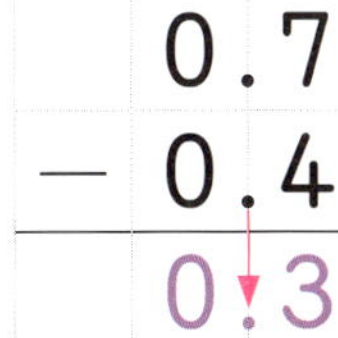

① 소수점끼리 맞추어 세로로 씁니다.

② 같은 자리 수끼리 뺍니다.

③ 소수점을 그대로 내려 찍습니다.

[2.4−0.8의 계산]

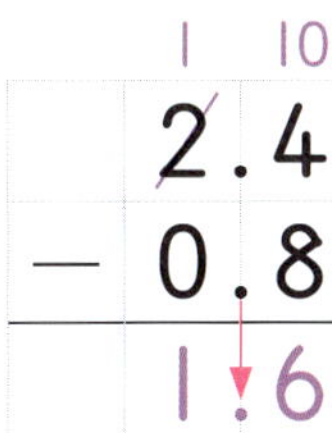

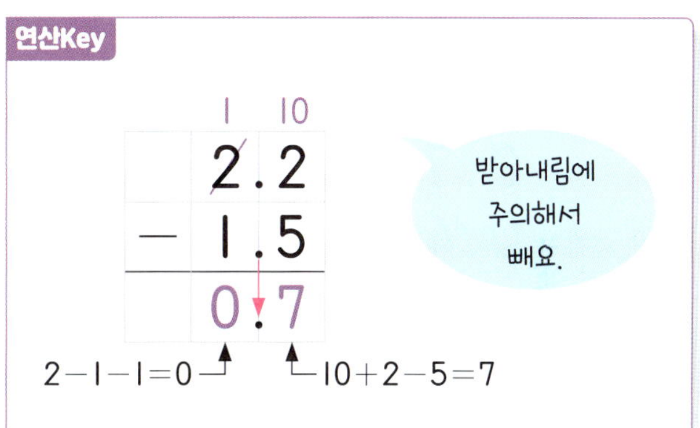

❷ 소수 두 자리 수의 뺄셈을 해 보아요.

[0.46−0.23의 계산]

① 소수점끼리 맞추어 세로로 씁니다.

② 같은 자리 수끼리 뺍니다.

③ 소수점을 그대로 내려 찍습니다.

[0.74−0.36의 계산]

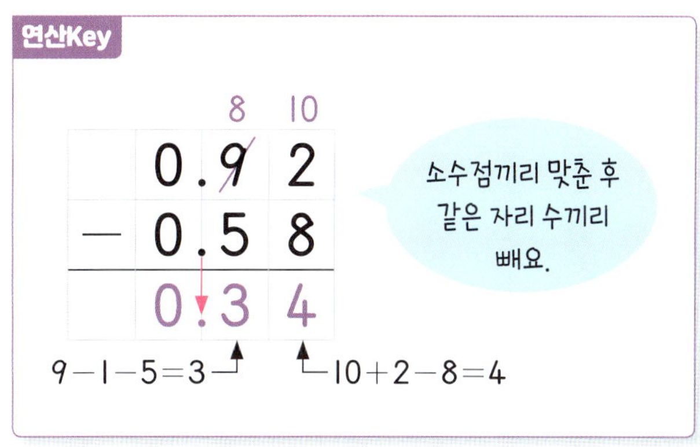

이해 안 되는 내용이 있으면 **한번 더 공부하고** 연산력 키우기로 넘어가세요.

251028-1373 ~ 251028-1385

✳ 계산해 보세요.

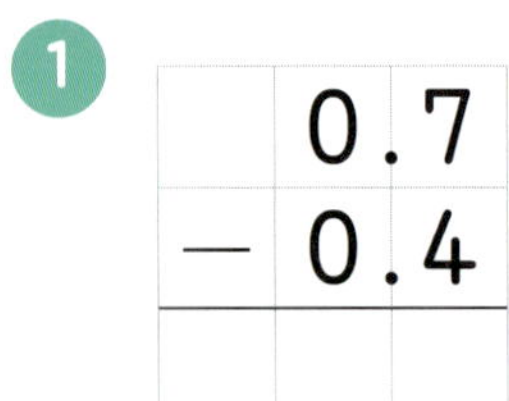

연산Key

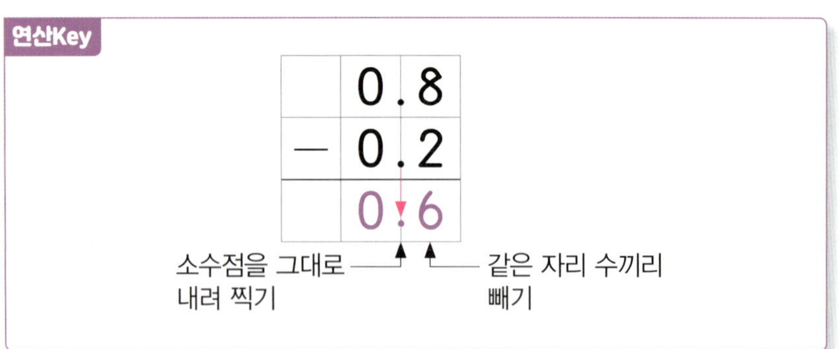

$$0.8 - 0.2 = 0.6$$

소수점을 그대로 내려 찍기 — 같은 자리 수끼리 빼기

1

$$\begin{array}{r} 0.7 \\ -\ 0.4 \\ \hline \end{array}$$

2

$$\begin{array}{r} 0.5 \\ -\ 0.2 \\ \hline \end{array}$$

3

$$\begin{array}{r} 0.8 \\ -\ 0.3 \\ \hline \end{array}$$

4

$$\begin{array}{r} 1.8 \\ -\ 0.7 \\ \hline \end{array}$$

5

$$\begin{array}{r} 4.8 \\ -\ 3.6 \\ \hline \end{array}$$

6

$$\begin{array}{r} 6.9 \\ -\ 2.3 \\ \hline \end{array}$$

7

$$\begin{array}{r} 9.6 \\ -\ 4.3 \\ \hline \end{array}$$

8

$$\begin{array}{r} 15.6 \\ -\ 3.4 \\ \hline \end{array}$$

9

$$\begin{array}{r} 28.8 \\ -\ 7.2 \\ \hline \end{array}$$

10

$$\begin{array}{r} 36.7 \\ -\ 3.5 \\ \hline \end{array}$$

11

$$\begin{array}{r} 57.6 \\ -\ 31.4 \\ \hline \end{array}$$

12

$$\begin{array}{r} 64.8 \\ -\ 42.3 \\ \hline \end{array}$$

13

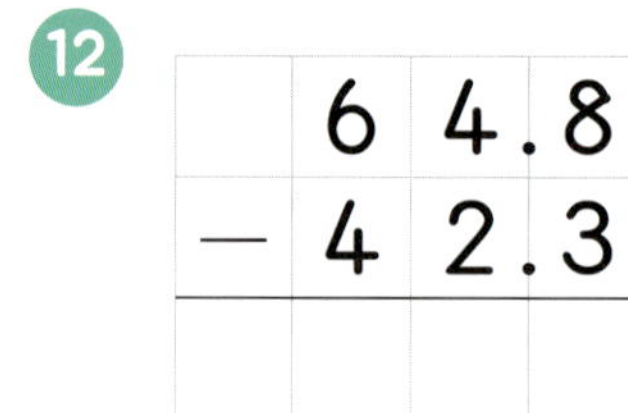

$$\begin{array}{r} 85.9 \\ -\ 43.2 \\ \hline \end{array}$$

⑭ $5.6 - 2.3$

⑱ $2.5 - 1.4$

㉒ $24.8 - 3.6$

⑮ $9.8 - 3.3$

⑲ $14.8 - 3.2$

㉓ $38.4 - 25.1$

⑯ $6.9 - 3.4$

⑳ $28.7 - 2.5$

㉔ $57.8 - 21.5$

⑰ $2.7 - 1.3$

㉑ $16.9 - 3.2$

㉕ $66.9 - 34.7$

✽ **계산해 보세요.**

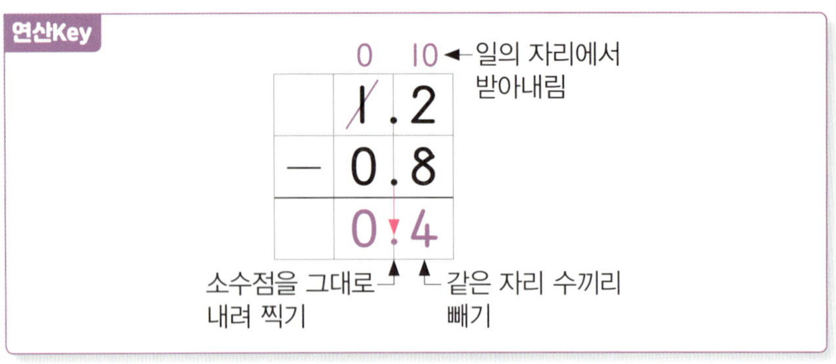

①

$$\begin{array}{r} 1.2 \\ -\ 0.9 \\ \hline \end{array}$$

②

$$\begin{array}{r} 1.5 \\ -\ 0.6 \\ \hline \end{array}$$

③

$$\begin{array}{r} 2.1 \\ -\ 0.4 \\ \hline \end{array}$$

④

$$\begin{array}{r} 2.5 \\ -\ 0.7 \\ \hline \end{array}$$

⑤

$$\begin{array}{r} 4.6 \\ -\ 2.8 \\ \hline \end{array}$$

⑥

$$\begin{array}{r} 6.5 \\ -\ 3.7 \\ \hline \end{array}$$

⑦

$$\begin{array}{r} 8.3 \\ -\ 4.8 \\ \hline \end{array}$$

⑧

$$\begin{array}{r} 9.4 \\ -\ 3.6 \\ \hline \end{array}$$

⑨

$$\begin{array}{r} 13.7 \\ -\ 6.9 \\ \hline \end{array}$$

⑩

$$\begin{array}{r} 45.3 \\ -\ 26.5 \\ \hline \end{array}$$

⑪

$$\begin{array}{r} 56.4 \\ -\ 13.7 \\ \hline \end{array}$$

⑫

$$\begin{array}{r} 20.6 \\ -\ 3.8 \\ \hline \end{array}$$

⑬

$$\begin{array}{r} 60.5 \\ -\ 43.8 \\ \hline \end{array}$$

14 $1.4 - 0.7$

15 $1.6 - 0.9$

16 $2.5 - 1.7$

17 $3.2 - 2.5$

18 $4.3 - 1.9$

19 $5.2 - 2.7$

20 $6.4 - 4.5$

21 $24.7 - 13.8$

22 $46.3 - 24.7$

23 $13.2 - 7.5$

24 $16.3 - 6.8$

25 $72.3 - 37.9$

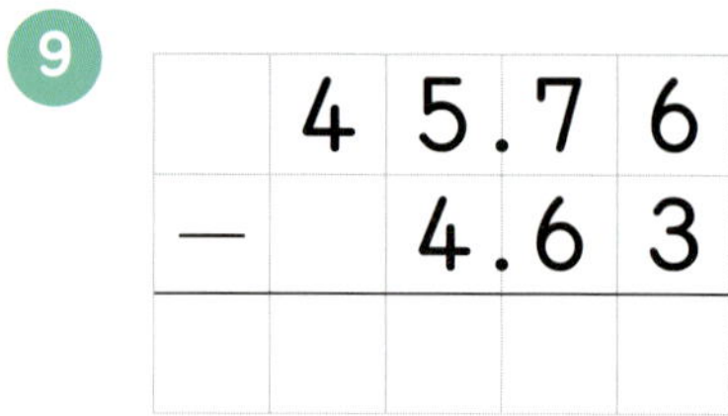

3일차 소수 두 자리 수의 뺄셈(1)

❋ 계산해 보세요.

251028-1423 ~ 251028-1435

연산Key

	0.4	5
−	0.3	2
	0.1	3

소수점을 그대로 내려 찍기

같은 자리 수끼리 빼기

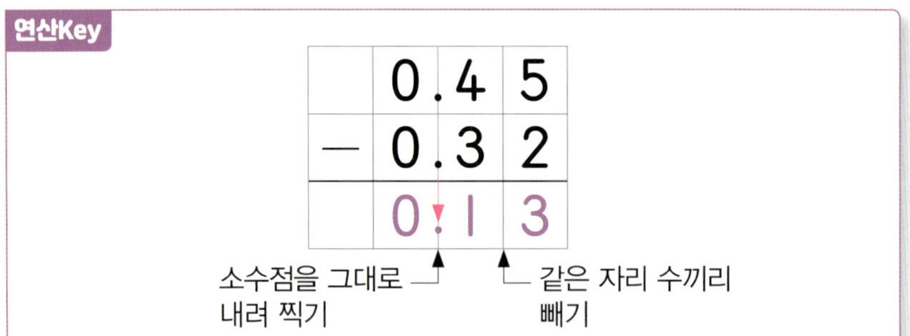

1

	0.4	6
−	0.2	3

2

	0.5	7
−	0.2	4

3

	0.6	8
−	0.4	6

4

	1.7	5
−	0.4	3

5

	4.8	6
−	2.6	4

6

	7.6	8
−	4.2	4

7

	1	3.7	5
−		2.6	2

8

	2	8.5	9
−		3.2	4

9

	4	5.7	6
−		4.6	3

10

	5	2.6	3
−	3	1.5	2

11

	6	7.8	4
−	4	3.3	2

12

	7	6.3	6
−	3	2.1	2

13

	8	5.2	9
−	4	3.1	5

251028-1436 ~ 251028-1447

14 $0.48 - 0.16$

15 $0.58 - 0.43$

16 $0.67 - 0.25$

17 $1.78 - 0.53$

18 $2.85 - 1.43$

19 $4.67 - 3.52$

20 $6.58 - 3.16$

21 $8.73 - 6.52$

22 $9.46 - 4.25$

23 $18.67 - 6.43$

24 $26.85 - 12.52$

25 $57.64 - 34.51$

＊ 계산해 보세요.

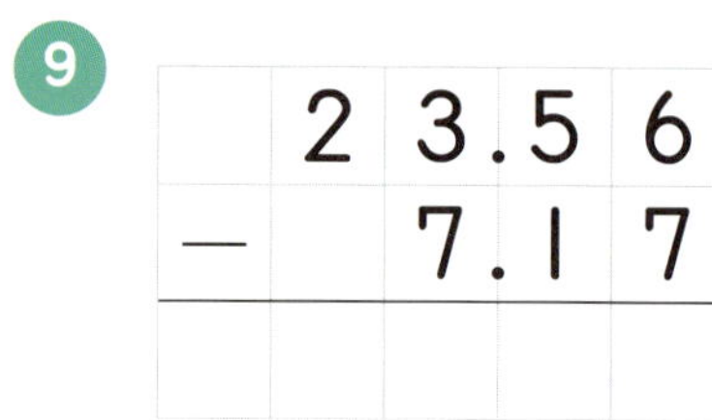

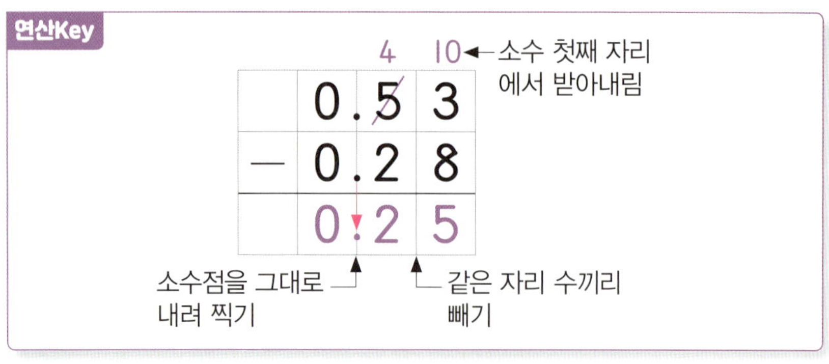

연산Key

①

$$\begin{array}{r} 0.45 \\ -\ 0.27 \\ \hline \end{array}$$

②

$$\begin{array}{r} 0.53 \\ -\ 0.19 \\ \hline \end{array}$$

③

$$\begin{array}{r} 0.62 \\ -\ 0.38 \\ \hline \end{array}$$

④

$$\begin{array}{r} 0.76 \\ -\ 0.37 \\ \hline \end{array}$$

⑤

$$\begin{array}{r} 1.74 \\ -\ 0.65 \\ \hline \end{array}$$

⑥

$$\begin{array}{r} 2.15 \\ -\ 0.09 \\ \hline \end{array}$$

⑦

$$\begin{array}{r} 5.45 \\ -\ 2.27 \\ \hline \end{array}$$

⑧

$$\begin{array}{r} 9.75 \\ -\ 5.46 \\ \hline \end{array}$$

⑨

$$\begin{array}{r} 23.56 \\ -\ 7.17 \\ \hline \end{array}$$

⑩

$$\begin{array}{r} 31.64 \\ -\ 14.36 \\ \hline \end{array}$$

⑪

$$\begin{array}{r} 47.26 \\ -\ 15.07 \\ \hline \end{array}$$

⑫

$$\begin{array}{r} 54.74 \\ -\ 32.68 \\ \hline \end{array}$$

⑬

$$\begin{array}{r} 62.83 \\ -\ 27.58 \\ \hline \end{array}$$

⑭ $1.18 - 0.35$

⑱ $3.27 - 1.56$

㉒ $21.45 - 9.54$

⑮ $1.26 - 0.54$

⑲ $5.37 - 2.46$

㉓ $34.19 - 15.47$

⑯ $2.45 - 0.73$

⑳ $6.28 - 1.76$

㉔ $54.26 - 25.74$

⑰ $1.28 - 0.65$

㉑ $9.07 - 6.42$

㉕ $71.39 - 46.48$

❋ 계산해 보세요.

251028-1473 ~ 251028-1485

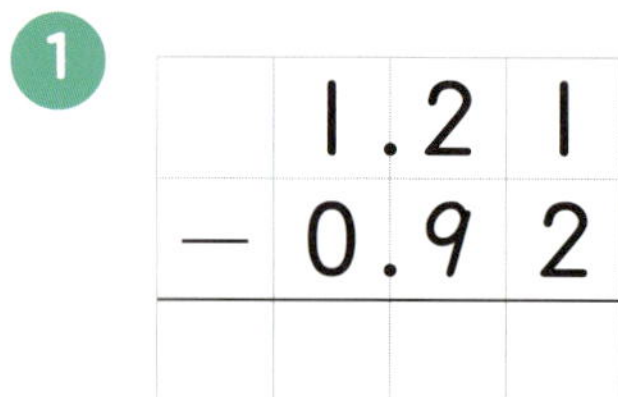

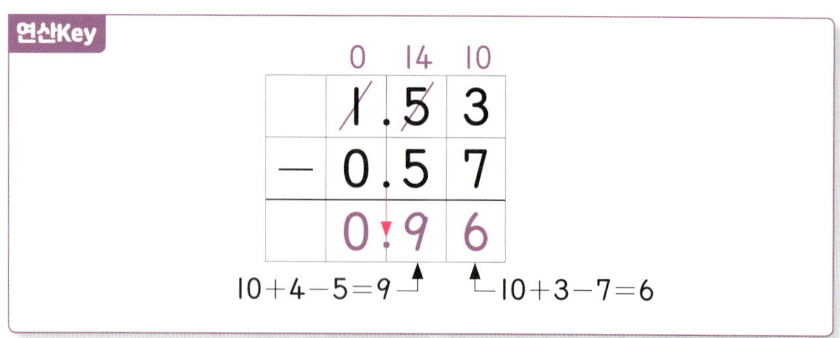

1

$$\begin{array}{r} 1.21 \\ -\ 0.92 \\ \hline \end{array}$$

2

$$\begin{array}{r} 1.42 \\ -\ 0.63 \\ \hline \end{array}$$

3

$$\begin{array}{r} 2.33 \\ -\ 1.74 \\ \hline \end{array}$$

4

$$\begin{array}{r} 8.51 \\ -\ 5.83 \\ \hline \end{array}$$

5

$$\begin{array}{r} 8.62 \\ -\ 4.75 \\ \hline \end{array}$$

6

$$\begin{array}{r} 0.56 \\ -\ 0.27 \\ \hline \end{array}$$

7

$$\begin{array}{r} 0.73 \\ -\ 0.48 \\ \hline \end{array}$$

8

$$\begin{array}{r} 1.85 \\ -\ 0.27 \\ \hline \end{array}$$

9

$$\begin{array}{r} 13.41 \\ -\ 8.92 \\ \hline \end{array}$$

10

$$\begin{array}{r} 42.53 \\ -\ 27.34 \\ \hline \end{array}$$

11

$$\begin{array}{r} 17.37 \\ -\ 6.59 \\ \hline \end{array}$$

12

$$\begin{array}{r} 35.06 \\ -\ 17.57 \\ \hline \end{array}$$

13

$$\begin{array}{r} 53.24 \\ -\ 25.46 \\ \hline \end{array}$$

251028-1486 ~ 251028-1497

⑭ 1.01 − 0.23

⑱ 4.25 − 2.69

㉒ 15.26 − 12.87

⑮ 8.25 − 0.56

⑲ 9.45 − 4.78

㉓ 46.32 − 24.43

⑯ 3.21 − 1.65

⑳ 3.54 − 1.65

㉔ 42.56 − 16.87

⑰ 1.21 − 0.43

㉑ 5.42 − 2.67

㉕ 65.74 − 31.88

자릿수가 다른 소수의 뺄셈

학습목표

① 자릿수가 다른 소수의 뺄셈 익히기

자릿수가 다른 소수의 뺄셈은 어떻게 계산해야 할까?
자릿수가 다른 소수의 뺄셈은 자릿수가 같은 소수의 뺄셈과 같이
소수점끼리 맞추어 같은 자리 수끼리 계산해야 돼.
자, 그럼 자릿수가 다른 소수의 뺄셈을 공부해 보자.

❶ 자릿수가 다른 소수의 뺄셈을 해 보아요.

[5−2.4의 계산]

```
    5.0
  − 2.4
    2.6
```

① 5=5.0이므로 소수점끼리 맞추어 세로로 씁니다.

② 같은 자리 수끼리 뺍니다.

③ 소수점을 그대로 내려 찍습니다.

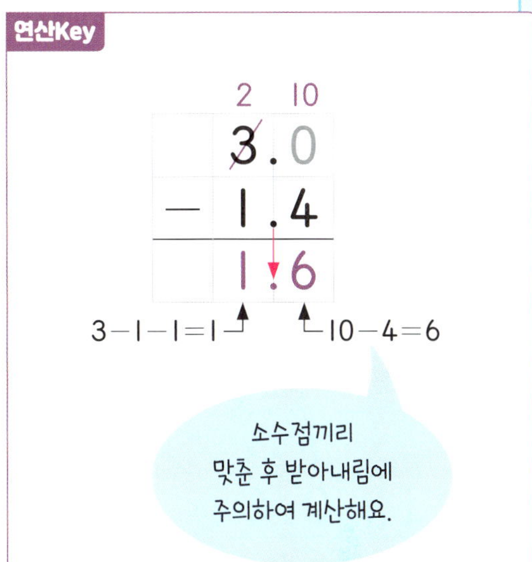

[0.7−0.46의 계산]

```
      6  10
    0.7  0
  − 0.4  6
    0.2  4
```

① 0.7=0.70이므로 소수점끼리 맞추어 세로로 씁니다.

② 같은 자리 수끼리 뺍니다.

③ 소수점을 그대로 내려 찍습니다.

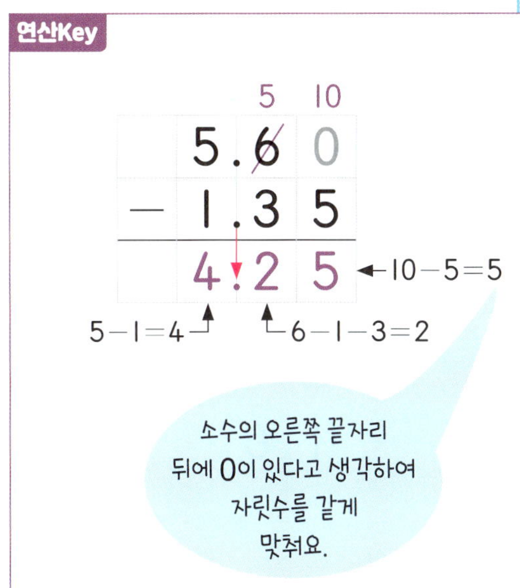

[0.76−0.357의 계산]

```
        5  10
    0.7  6  0
  − 0.3  5  7
    0.4  0  3
```

① 0.76=0.760이므로 소수점끼리 맞추어 세로로 씁니다.

② 같은 자리 수끼리 뺍니다.

③ 소수점을 그대로 내려 찍습니다.

이해 안 되는 내용이 있으면 **한번 더** 공부하고 연산력 키우기로 넘어가세요.

✿ **계산해 보세요.**

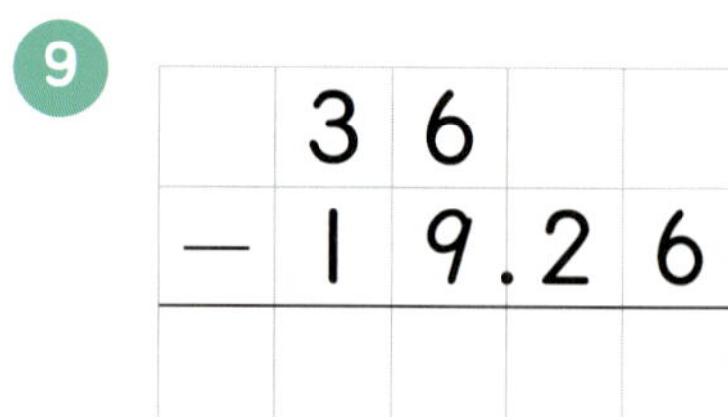

연산Key

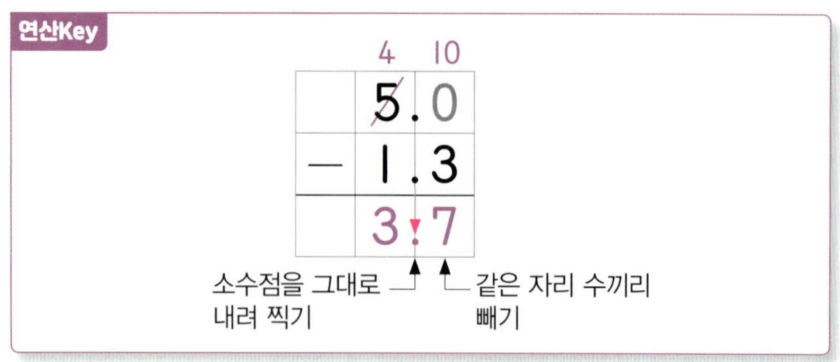

1

$$7 - 0.6$$

2

$$5 - 3.7$$

3

$$4 - 1.6$$

4

$$8 - 6.4$$

5

$$15 - 7.6$$

6

$$7 - 2.78$$

7

$$9 - 4.36$$

8

$$7 - 1.54$$

9

$$36 - 19.26$$

10

$$45 - 19.37$$

11

$$53 - 9.67$$

12

$$40 - 23.58$$

13

$$74 - 34.92$$

⑭ $6 - 3.3$

⑮ $5 - 0.7$

⑯ $8 - 3.7$

⑰ $12 - 9.6$

⑱ $24 - 9.8$

⑲ $35 - 18.4$

⑳ $3 - 0.72$

㉑ $8 - 1.28$

㉒ $7 - 4.55$

㉓ $16 - 9.08$

㉔ $37 - 28.72$

㉕ $25 - 18.94$

251028-1523 ~ 251028-1535

✽ **계산해 보세요.**

연산Key

$$
\begin{array}{r}
0 \quad 10 \\
\cancel{1}.4\ 2 \\
-\ \ 0.8 \\
\hline
0.6\ 2
\end{array}
$$

소수점을 그대로 내려 찍기 — 같은 자리 수끼리 빼기

1
$$
\begin{array}{r}
1.1\ 1 \\
-\ 0.2 \\
\hline
\end{array}
$$

2
$$
\begin{array}{r}
1.6\ 7 \\
-\ 0.8 \\
\hline
\end{array}
$$

3
$$
\begin{array}{r}
3.5\ 4 \\
-\ 2.7 \\
\hline
\end{array}
$$

4
$$
\begin{array}{r}
2.4\ 3 \\
-\ 1.9 \\
\hline
\end{array}
$$

5
$$
\begin{array}{r}
6.5\ 4 \\
-\ 3.9 \\
\hline
\end{array}
$$

6
$$
\begin{array}{r}
8.2\ 6 \\
-\ 4.7 \\
\hline
\end{array}
$$

7
$$
\begin{array}{r}
9.1\ 9 \\
-\ 6.3 \\
\hline
\end{array}
$$

8
$$
\begin{array}{r}
9.2\ 3 \\
-\ 7.8 \\
\hline
\end{array}
$$

9
$$
\begin{array}{r}
1\ 7.0\ 4 \\
-\ 1\ 6.7 \\
\hline
\end{array}
$$

10
$$
\begin{array}{r}
3\ 9.5\ 7 \\
-\ 3\ 8.9 \\
\hline
\end{array}
$$

11
$$
\begin{array}{r}
4\ 6.5\ 6 \\
-\ 1\ 3.8 \\
\hline
\end{array}
$$

12
$$
\begin{array}{r}
5\ 3.4\ 6 \\
-\ 3\ 5.7 \\
\hline
\end{array}
$$

13
$$
\begin{array}{r}
8\ 2.6\ 4 \\
-\ 5\ 3.8 \\
\hline
\end{array}
$$

⑭ $1.62 - 0.8$

⑱ $13.24 - 6.4$

㉒ $23.19 - 17.6$

⑮ $1.47 - 0.8$

⑲ $24.27 - 6.9$

㉓ $68.04 - 32.6$

⑯ $2.65 - 1.9$

⑳ $37.59 - 3.6$

㉔ $53.56 - 24.7$

⑰ $4.27 - 1.8$

㉑ $58.13 - 26.5$

㉕ $81.37 - 48.5$

🔍 251028-1548 ~ 251028-1560

✿ **계산해 보세요.**

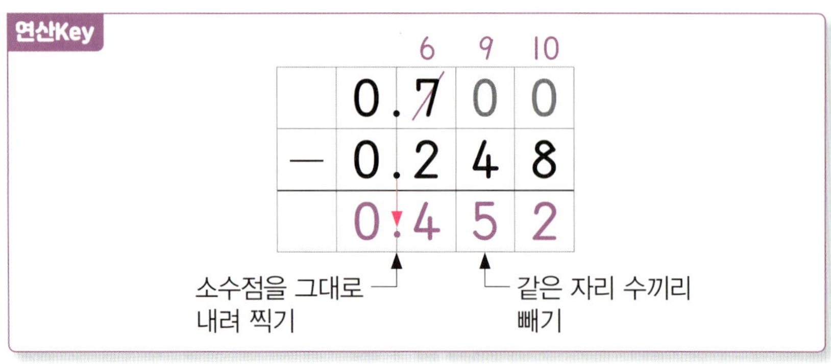

1

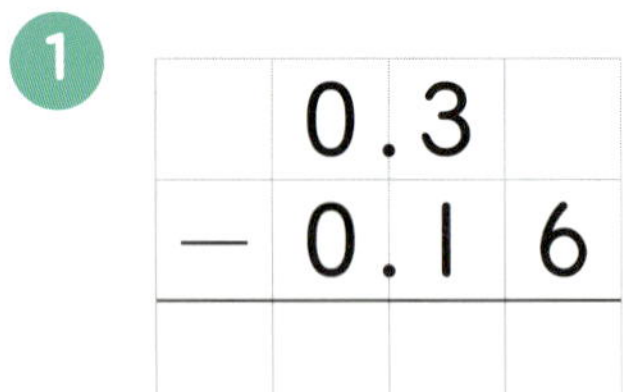

```
   0.3
−  0.1 6
```

2
```
   0.5
−  0.2 4
```

3
```
   0.6
−  0.3 5
```

4
```
   0.8
−  0.4 7
```

5
```
   3.6
−  1.2 6 4
```

6
```
   5.3
−  2.7 6 4
```

7
```
   6.5
−  3.0 2 5
```

8
```
   7.4
−  5.7 0 4
```

9

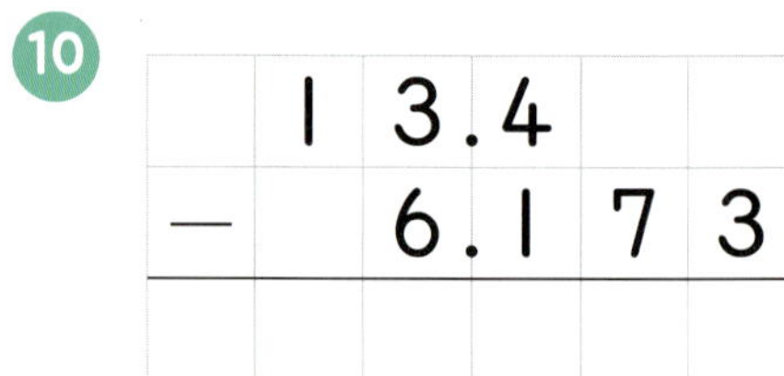

```
   9.7
−  2.3 1 4
```

10
```
   1 3.4
−    6.1 7 3
```

11
```
   2 4.8
−    7.5 1 2
```

12

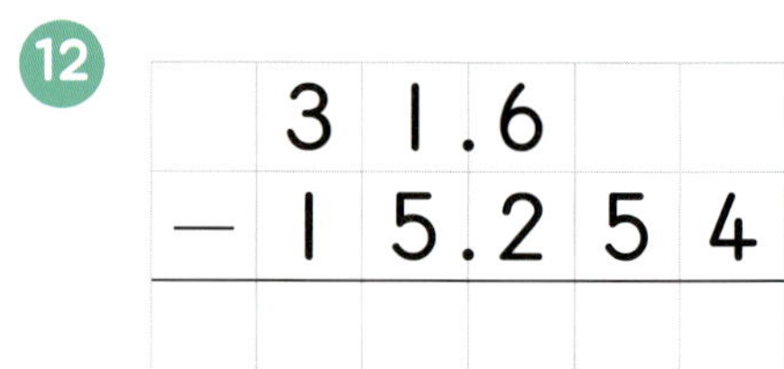

```
   3 1.6
−  1 5.2 5 4
```

13

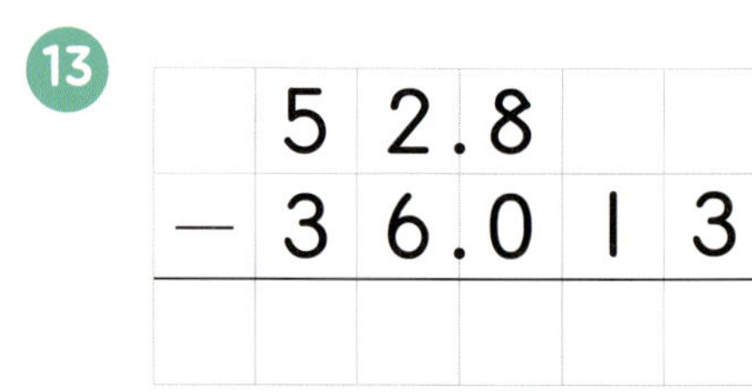

```
   5 2.8
−  3 6.0 1 3
```

251028-1561 ~ 251028-1572

⑭ $0.7 - 0.326$

⑮ $0.8 - 0.512$

⑯ $1.3 - 0.641$

⑰ $2.4 - 1.956$

⑱ $4.5 - 2.463$

⑲ $5.2 - 3.683$

⑳ $6.2 - 4.593$

㉑ $8.1 - 5.449$

㉒ $12.1 - 8.576$

㉓ $28.7 - 9.863$

㉔ $34.1 - 18.753$

㉕ $42.6 - 26.924$

❋ **계산해 보세요.**

251028-1573 ~ 251028-1585

연산Key

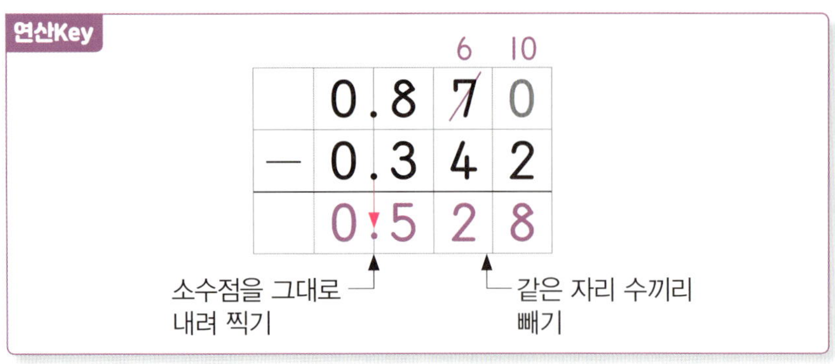

1
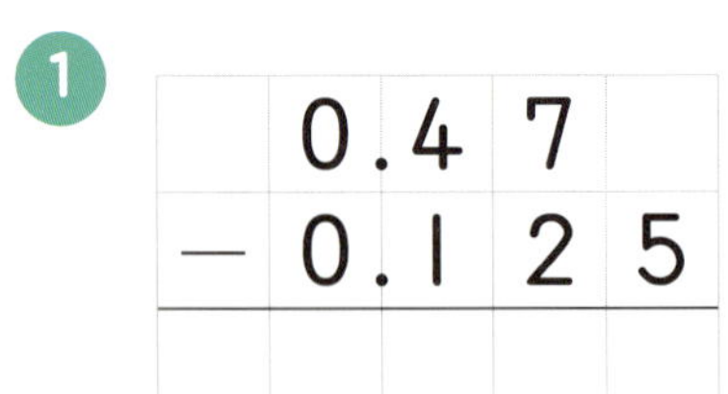
$$\begin{array}{r} 0.4\,7 \\ -\ 0.1\,2\,5 \\ \hline \end{array}$$

2
$$\begin{array}{r} 0.5\,7 \\ -\ 0.3\,6\,3 \\ \hline \end{array}$$

3
$$\begin{array}{r} 0.7\,6 \\ -\ 0.4\,5\,1 \\ \hline \end{array}$$

4
$$\begin{array}{r} 0.8\,9 \\ -\ 0.5\,8\,2 \\ \hline \end{array}$$

5
$$\begin{array}{r} 3.7\,5 \\ -\ 1.3\,1\,5 \\ \hline \end{array}$$

6
$$\begin{array}{r} 4.8\,9 \\ -\ 2.6\,5\,4 \\ \hline \end{array}$$

7
$$\begin{array}{r} 6.6\,7 \\ -\ 3.3\,8\,5 \\ \hline \end{array}$$

8
$$\begin{array}{r} 9.7\,9 \\ -\ 5.2\,2\,1 \\ \hline \end{array}$$

9
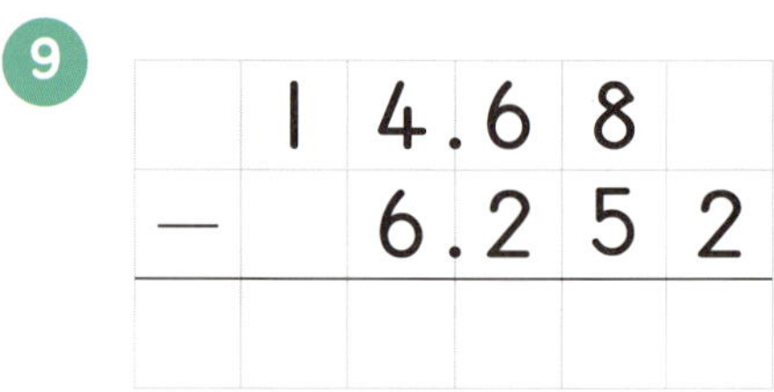
$$\begin{array}{r} 1\,4.6\,8 \\ -\ 6.2\,5\,2 \\ \hline \end{array}$$

10
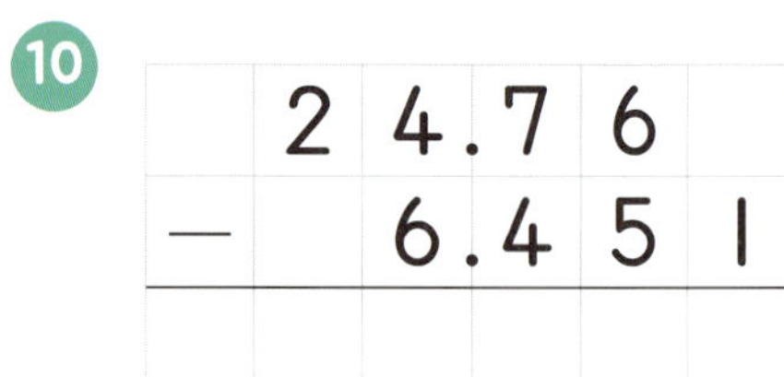
$$\begin{array}{r} 2\,4.7\,6 \\ -\ 6.4\,5\,1 \\ \hline \end{array}$$

11
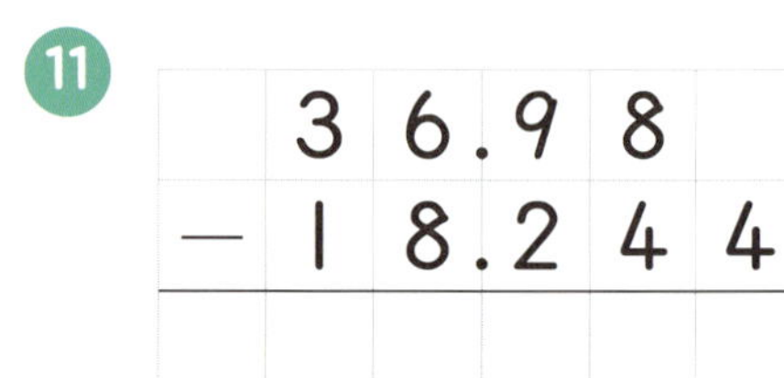
$$\begin{array}{r} 3\,6.9\,8 \\ -\ 1\,8.2\,4\,4 \\ \hline \end{array}$$

12
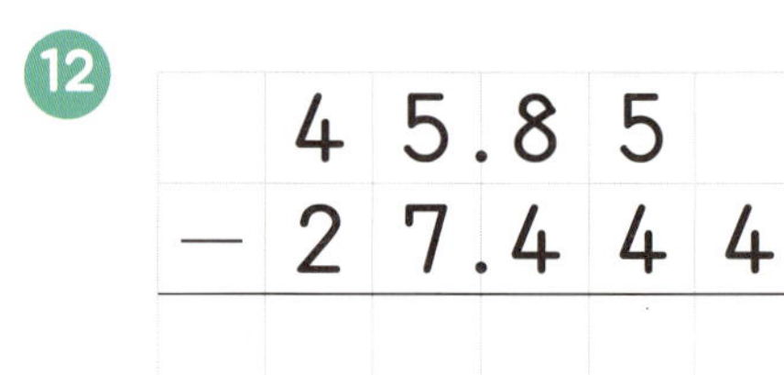
$$\begin{array}{r} 4\,5.8\,5 \\ -\ 2\,7.4\,4\,4 \\ \hline \end{array}$$

13
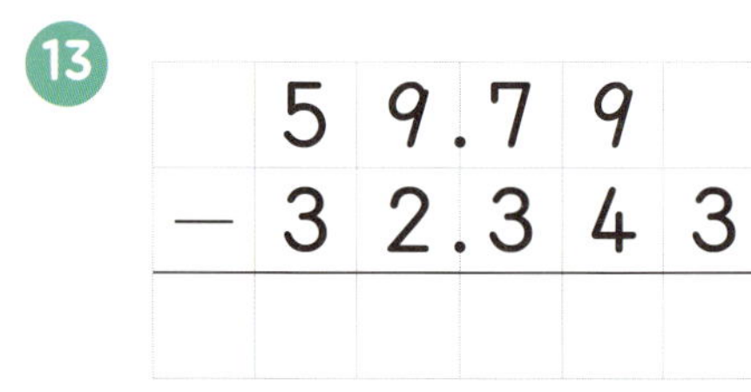
$$\begin{array}{r} 5\,9.7\,9 \\ -\ 3\,2.3\,4\,3 \\ \hline \end{array}$$

소수점끼리 맞추어 세로로 쓰고 같은 자리 수끼리 빼요.

학습 점검	학습 날짜		걸린 시간		맞은 개수
	월	일	분	초	

251028-1586 ~ 251028-1597

14 $0.76 - 0.354$

18 $4.26 - 1.457$

22 $17.69 - 13.057$

15 $0.47 - 0.249$

19 $5.36 - 2.037$

23 $27.36 - 13.256$

16 $1.35 - 0.248$

20 $7.25 - 4.146$

24 $36.87 - 21.259$

17 $2.86 - 1.347$

21 $9.76 - 5.135$

25 $53.39 - 37.246$

***** 계산해 보세요.

251028-1598 ~ 251028-1610

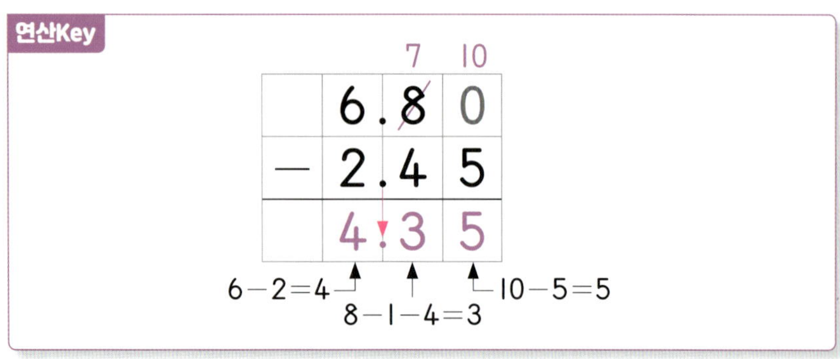

1
$$\begin{array}{r} 7 \\ -\;2.8 \\ \hline \end{array}$$

2
$$\begin{array}{r} 8.2 \\ -\;5 \\ \hline \end{array}$$

3
$$\begin{array}{r} 13 \\ -\;4.52 \\ \hline \end{array}$$

4
$$\begin{array}{r} 35.14 \\ -\;19 \\ \hline \end{array}$$

5
$$\begin{array}{r} 7.24 \\ -\;4.6 \\ \hline \end{array}$$

6
$$\begin{array}{r} 8.3 \\ -\;3.49 \\ \hline \end{array}$$

7
$$\begin{array}{r} 13.54 \\ -\;6.8 \\ \hline \end{array}$$

8
$$\begin{array}{r} 25.8 \\ -\;18.23 \\ \hline \end{array}$$

9
$$\begin{array}{r} 32.54 \\ -\;19.7 \\ \hline \end{array}$$

10
$$\begin{array}{r} 7.454 \\ -\;2.6 \\ \hline \end{array}$$

11
$$\begin{array}{r} 8.3 \\ -\;4.749 \\ \hline \end{array}$$

12
$$\begin{array}{r} 17.259 \\ -\;8.67 \\ \hline \end{array}$$

13
$$\begin{array}{r} 46.83 \\ -\;25.958 \\ \hline \end{array}$$

⑭ $6 - 1.3$

⑮ $7.6 - 2$

⑯ $8 - 2.56$

⑰ $13.72 - 8$

⑱ $16 - 5.8$

⑲ $26.8 - 17$

⑳ $7.6 - 1.95$

㉑ $0.84 - 0.5$

㉒ $2.4 - 1.27$

㉓ $8.36 - 4.6$

㉔ $26.7 - 18.93$

㉕ $53.12 - 37.8$

㉖ $5.3 - 2.624$

㉗ $9.352 - 6.4$

㉘ $26.2 - 12.753$

㉙ $46.325 - 16.5$

㉚ $5.92 - 3.657$

㉛ $9.284 - 6.95$

평생을 살아가는 힘, 문해력을 키워 주세요!

문해력을 가장 잘 아는 EBS가 만든 문해력 시리즈

예비 초등 ~ 중학

문해력을 이루는 핵심 분야별 / 학습 단계별 교재

| 어휘 | 쓰기 | ERI 독해 | 배경지식 | 디지털독해 |

우리 아이의 문해력 수준은?

더욱 효과적인 문해력 학습을 위한
EBS 문해력 진단 테스트

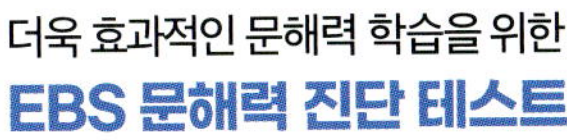

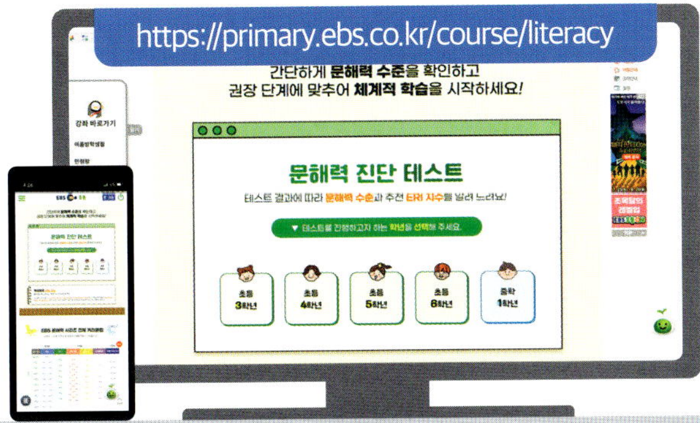

등급으로 확인하는
문해력 수준

문해력 등급 평가

초1 - 중1

초등 국어 어휘

— 1~6단계 —

초등 한자 어휘

— 1~4단계 —

그 중요성이 이미 입증된 어휘력,
이제 확장하고 추가해서 **학습 기본기를 더 탄탄하게!**

전체 영역

★★★
새 교육과정/교과서 반영으로
더 앞서가도록

'초등 국어 어휘' 영역

1~6단계로 확장 개편해서
더 빈틈없도록

NEW

'초등 한자 어휘' 영역

한자 어휘 영역도 추가해서
더 풍부하도록

'초등 국어 어휘'는 학년별 새 교육과정 적용 시기에 따라 순차 발간

EBS

EBS 초등
인터넷·모바일·TV
무료 강의 제공

초 등 부 터 EBS
새 교육과정 반영

만점왕 연산

정답

8단계
초등 4학년 권장

'정답' 보기
& 내려받기

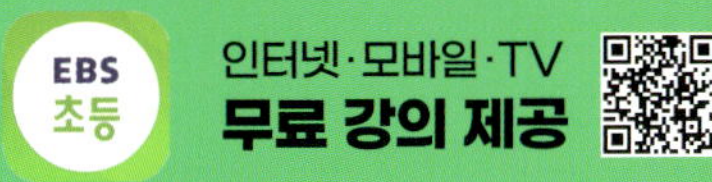

만점왕 연산

8단계

초등 4학년 권장

분수의 덧셈(1)

1일차

10~11쪽

6 $\frac{6}{9} + \frac{2}{9} = \frac{8}{9}$ **13** $\frac{6}{13} + \frac{4}{13} = \frac{10}{13}$ **20** $\frac{3}{6} + \frac{1}{6} = \frac{4}{6}$ **27** $\frac{5}{11} + \frac{2}{11} = \frac{7}{11}$ **34** $\frac{7}{15} + \frac{5}{15} = \frac{12}{15}$

7 $\frac{5}{10} + \frac{3}{10} = \frac{8}{10}$ **14** $\frac{8}{13} + \frac{2}{13} = \frac{10}{13}$ **21** $\frac{3}{7} + \frac{3}{7} = \frac{6}{7}$ **28** $\frac{4}{12} + \frac{3}{12} = \frac{7}{12}$ **35** $\frac{4}{15} + \frac{9}{15} = \frac{13}{15}$

1 $\frac{3}{6} + \frac{2}{6} = \frac{5}{6}$ **8** $\frac{6}{10} + \frac{3}{10} = \frac{9}{10}$ **15** $\frac{9}{14} + \frac{2}{14} = \frac{11}{14}$ **22** $\frac{4}{8} + \frac{3}{8} = \frac{7}{8}$ **29** $\frac{6}{12} + \frac{5}{12} = \frac{11}{12}$ **36** $\frac{8}{16} + \frac{7}{16} = \frac{15}{16}$

2 $\frac{4}{7} + \frac{2}{7} = \frac{6}{7}$ **9** $\frac{4}{11} + \frac{3}{11} = \frac{7}{11}$ **16** $\frac{7}{14} + \frac{3}{14} = \frac{10}{14}$ **23** $\frac{4}{9} + \frac{2}{9} = \frac{6}{9}$ **30** $\frac{6}{13} + \frac{3}{13} = \frac{9}{13}$ **37** $\frac{9}{16} + \frac{5}{16} = \frac{14}{16}$

3 $\frac{4}{8} + \frac{2}{8} = \frac{6}{8}$ **10** $\frac{6}{11} + \frac{2}{11} = \frac{8}{11}$ **17** $\frac{6}{15} + \frac{5}{15} = \frac{11}{15}$ **24** $\frac{4}{10} + \frac{3}{10} = \frac{7}{10}$ **31** $\frac{7}{13} + \frac{3}{13} = \frac{10}{13}$ **38** $\frac{8}{17} + \frac{2}{17} = \frac{10}{17}$

4 $\frac{4}{8} + \frac{3}{8} = \frac{7}{8}$ **11** $\frac{5}{12} + \frac{4}{12} = \frac{9}{12}$ **18** $\frac{7}{15} + \frac{4}{15} = \frac{11}{15}$ **25** $\frac{5}{10} + \frac{4}{10} = \frac{9}{10}$ **32** $\frac{8}{14} + \frac{5}{14} = \frac{13}{14}$ **39** $\frac{9}{17} + \frac{7}{17} = \frac{16}{17}$

5 $\frac{3}{9} + \frac{2}{9} = \frac{5}{9}$ **12** $\frac{7}{12} + \frac{2}{12} = \frac{9}{12}$ **19** $\frac{8}{16} + \frac{5}{16} = \frac{13}{16}$ **26** $\frac{6}{11} + \frac{3}{11} = \frac{9}{11}$ **33** $\frac{6}{14} + \frac{5}{14} = \frac{11}{14}$ **40** $\frac{9}{18} + \frac{5}{18} = \frac{14}{18}$

2일차

12~13쪽

6 $\frac{2}{14} + \frac{11}{14} = \frac{13}{14}$ **13** $\frac{2}{10} + \frac{4}{10} = \frac{6}{10}$ **20** $\frac{7}{18} + \frac{10}{18} = \frac{17}{18}$ **27** $\frac{5}{21} + \frac{15}{21} = \frac{20}{21}$ **34** $\frac{2}{13} + \frac{10}{13} = \frac{12}{13}$

7 $\frac{5}{19} + \frac{3}{19} = \frac{8}{19}$ **14** $\frac{5}{22} + \frac{11}{22} = \frac{16}{22}$ **21** $\frac{4}{17} + \frac{11}{17} = \frac{15}{17}$ **28** $\frac{7}{29} + \frac{18}{29} = \frac{25}{29}$ **35** $\frac{4}{12} + \frac{5}{12} = \frac{9}{12}$

1 $\frac{2}{8} + \frac{3}{8} = \frac{5}{8}$ **8** $\frac{8}{23} + \frac{9}{23} = \frac{17}{23}$ **15** $\frac{6}{24} + \frac{13}{24} = \frac{19}{24}$ **22** $\frac{3}{19} + \frac{14}{19} = \frac{17}{19}$ **29** $\frac{7}{23} + \frac{12}{23} = \frac{19}{23}$ **36** $\frac{3}{15} + \frac{11}{15} = \frac{14}{15}$

2 $\frac{1}{11} + \frac{7}{11} = \frac{8}{11}$ **9** $\frac{4}{18} + \frac{6}{18} = \frac{10}{18}$ **16** $\frac{4}{15} + \frac{10}{15} = \frac{14}{15}$ **23** $\frac{2}{14} + \frac{9}{14} = \frac{11}{14}$ **30** $\frac{5}{18} + \frac{12}{18} = \frac{17}{18}$ **37** $\frac{9}{27} + \frac{14}{27} = \frac{23}{27}$

3 $\frac{5}{13} + \frac{6}{13} = \frac{11}{13}$ **10** $\frac{5}{12} + \frac{3}{12} = \frac{8}{12}$ **17** $\frac{9}{25} + \frac{12}{25} = \frac{21}{25}$ **24** $\frac{7}{22} + \frac{13}{22} = \frac{20}{22}$ **31** $\frac{11}{26} + \frac{12}{26} = \frac{23}{26}$ **38** $\frac{1}{16} + \frac{12}{16} = \frac{13}{16}$

4 $\frac{2}{17} + \frac{7}{17} = \frac{9}{17}$ **11** $\frac{8}{19} + \frac{10}{19} = \frac{18}{19}$ **18** $\frac{3}{16} + \frac{11}{16} = \frac{14}{16}$ **25** $\frac{1}{12} + \frac{10}{12} = \frac{11}{12}$ **32** $\frac{9}{23} + \frac{13}{23} = \frac{22}{23}$ **39** $\frac{3}{13} + \frac{9}{13} = \frac{12}{13}$

5 $\frac{5}{21} + \frac{13}{21} = \frac{18}{21}$ **12** $\frac{7}{20} + \frac{9}{20} = \frac{16}{20}$ **19** $\frac{7}{23} + \frac{13}{23} = \frac{20}{23}$ **26** $\frac{9}{17} + \frac{7}{17} = \frac{16}{17}$ **33** $\frac{2}{20} + \frac{17}{20} = \frac{19}{20}$ **40** $\frac{6}{25} + \frac{10}{25} = \frac{16}{25}$

3일차

1. $\dfrac{3}{5}+\dfrac{4}{5}=\dfrac{7}{5}=1\dfrac{2}{5}$
2. $\dfrac{2}{6}+\dfrac{5}{6}=\dfrac{7}{6}=1\dfrac{1}{6}$
3. $\dfrac{3}{7}+\dfrac{6}{7}=\dfrac{9}{7}=1\dfrac{2}{7}$
4. $\dfrac{3}{8}+\dfrac{7}{8}=\dfrac{10}{8}=1\dfrac{2}{8}$
5. $\dfrac{4}{8}+\dfrac{7}{8}=\dfrac{11}{8}=1\dfrac{3}{8}$
6. $\dfrac{2}{9}+\dfrac{8}{9}=\dfrac{10}{9}=1\dfrac{1}{9}$
7. $\dfrac{5}{9}+\dfrac{8}{9}=\dfrac{13}{9}=1\dfrac{4}{9}$
8. $\dfrac{5}{10}+\dfrac{6}{10}=\dfrac{11}{10}=1\dfrac{1}{10}$
9. $\dfrac{6}{10}+\dfrac{8}{10}=\dfrac{14}{10}=1\dfrac{4}{10}$
10. $\dfrac{5}{11}+\dfrac{7}{11}=\dfrac{12}{11}=1\dfrac{1}{11}$
11. $\dfrac{8}{11}+\dfrac{9}{11}=\dfrac{17}{11}=1\dfrac{6}{11}$
12. $\dfrac{4}{12}+\dfrac{9}{12}=\dfrac{13}{12}=1\dfrac{1}{12}$
13. $\dfrac{6}{12}+\dfrac{8}{12}=\dfrac{14}{12}=1\dfrac{2}{12}$
14. $\dfrac{7}{13}+\dfrac{9}{13}=\dfrac{16}{13}=1\dfrac{3}{13}$
15. $\dfrac{7}{13}+\dfrac{8}{13}=\dfrac{15}{13}=1\dfrac{2}{13}$
16. $\dfrac{6}{14}+\dfrac{9}{14}=\dfrac{15}{14}=1\dfrac{1}{14}$
17. $\dfrac{9}{14}+\dfrac{9}{14}=\dfrac{18}{14}=1\dfrac{4}{14}$
18. $\dfrac{7}{15}+\dfrac{9}{15}=\dfrac{16}{15}=1\dfrac{1}{15}$
19. $\dfrac{11}{15}+\dfrac{13}{15}=\dfrac{24}{15}=1\dfrac{9}{15}$
20. $\dfrac{6}{11}+\dfrac{7}{11}=\dfrac{13}{11}=1\dfrac{2}{11}$
21. $\dfrac{6}{11}+\dfrac{9}{11}=\dfrac{15}{11}=1\dfrac{4}{11}$
22. $\dfrac{5}{12}+\dfrac{9}{12}=\dfrac{14}{12}=1\dfrac{2}{12}$
23. $\dfrac{7}{12}+\dfrac{7}{12}=\dfrac{14}{12}=1\dfrac{2}{12}$
24. $\dfrac{6}{13}+\dfrac{9}{13}=\dfrac{15}{13}=1\dfrac{2}{13}$
25. $\dfrac{8}{13}+\dfrac{10}{13}=\dfrac{18}{13}=1\dfrac{5}{13}$
26. $\dfrac{3}{14}+\dfrac{12}{14}=\dfrac{15}{14}=1\dfrac{1}{14}$
27. $\dfrac{9}{14}+\dfrac{8}{14}=\dfrac{17}{14}=1\dfrac{3}{14}$
28. $\dfrac{7}{15}+\dfrac{13}{15}=\dfrac{20}{15}=1\dfrac{5}{15}$
29. $\dfrac{9}{15}+\dfrac{11}{15}=\dfrac{20}{15}=1\dfrac{5}{15}$
30. $\dfrac{7}{16}+\dfrac{13}{16}=\dfrac{20}{16}=1\dfrac{4}{16}$
31. $\dfrac{9}{17}+\dfrac{15}{17}=\dfrac{24}{17}=1\dfrac{7}{17}$
32. $\dfrac{9}{18}+\dfrac{12}{18}=\dfrac{21}{18}=1\dfrac{3}{18}$
33. $\dfrac{5}{19}+\dfrac{15}{19}=\dfrac{20}{19}=1\dfrac{1}{19}$
34. $\dfrac{5}{20}+\dfrac{15}{20}=\dfrac{20}{20}=1$
35. $\dfrac{11}{22}+\dfrac{11}{22}=\dfrac{22}{22}=1$
36. $\dfrac{3}{24}+\dfrac{21}{24}=\dfrac{24}{24}=1$
37. $\dfrac{8}{25}+\dfrac{17}{25}=\dfrac{25}{25}=1$
38. $\dfrac{9}{27}+\dfrac{18}{27}=\dfrac{27}{27}=1$
39. $\dfrac{12}{31}+\dfrac{19}{31}=\dfrac{31}{31}=1$
40. $\dfrac{12}{33}+\dfrac{21}{33}=\dfrac{33}{33}=1$

4일차

1. $\dfrac{11}{14}+\dfrac{7}{14}=\dfrac{18}{14}=1\dfrac{4}{14}$
2. $\dfrac{15}{17}+\dfrac{4}{17}=\dfrac{19}{17}=1\dfrac{2}{17}$
3. $\dfrac{10}{13}+\dfrac{7}{13}=\dfrac{17}{13}=1\dfrac{4}{13}$
4. $\dfrac{19}{23}+\dfrac{11}{23}=\dfrac{30}{23}=1\dfrac{7}{23}$
5. $\dfrac{18}{27}+\dfrac{12}{27}=\dfrac{30}{27}=1\dfrac{3}{27}$
6. $\dfrac{21}{32}+\dfrac{18}{32}=\dfrac{39}{32}=1\dfrac{7}{32}$
7. $\dfrac{16}{21}+\dfrac{9}{21}=\dfrac{25}{21}=1\dfrac{4}{21}$
8. $\dfrac{13}{19}+\dfrac{8}{19}=\dfrac{21}{19}=1\dfrac{2}{19}$
9. $\dfrac{19}{27}+\dfrac{12}{27}=\dfrac{31}{27}=1\dfrac{4}{27}$
10. $\dfrac{12}{16}+\dfrac{5}{16}=\dfrac{17}{16}=1\dfrac{1}{16}$
11. $\dfrac{18}{20}+\dfrac{5}{20}=\dfrac{23}{20}=1\dfrac{3}{20}$
12. $\dfrac{18}{25}+\dfrac{10}{25}=\dfrac{28}{25}=1\dfrac{3}{25}$
13. $\dfrac{17}{31}+\dfrac{15}{31}=\dfrac{32}{31}=1\dfrac{1}{31}$
14. $\dfrac{23}{29}+\dfrac{12}{29}=\dfrac{35}{29}=1\dfrac{6}{29}$
15. $\dfrac{17}{22}+\dfrac{9}{22}=\dfrac{26}{22}=1\dfrac{4}{22}$
16. $\dfrac{12}{13}+\dfrac{6}{13}=\dfrac{18}{13}=1\dfrac{5}{13}$
17. $\dfrac{10}{15}+\dfrac{8}{15}=\dfrac{18}{15}=1\dfrac{3}{15}$
18. $\dfrac{17}{18}+\dfrac{5}{18}=\dfrac{22}{18}=1\dfrac{4}{18}$
19. $\dfrac{19}{24}+\dfrac{12}{24}=\dfrac{31}{24}=1\dfrac{7}{24}$
20. $\dfrac{11}{12}+\dfrac{5}{12}=\dfrac{16}{12}=1\dfrac{4}{12}$
21. $\dfrac{14}{16}+\dfrac{4}{16}=\dfrac{18}{16}=1\dfrac{2}{16}$
22. $\dfrac{16}{19}+\dfrac{7}{19}=\dfrac{23}{19}=1\dfrac{4}{19}$
23. $\dfrac{13}{17}+\dfrac{6}{17}=\dfrac{19}{17}=1\dfrac{2}{17}$
24. $\dfrac{11}{13}+\dfrac{4}{13}=\dfrac{15}{13}=1\dfrac{2}{13}$
25. $\dfrac{12}{18}+\dfrac{7}{18}=\dfrac{19}{18}=1\dfrac{1}{18}$
26. $\dfrac{16}{20}+\dfrac{9}{20}=\dfrac{25}{20}=1\dfrac{5}{20}$
27. $\dfrac{13}{21}+\dfrac{10}{21}=\dfrac{23}{21}=1\dfrac{2}{21}$
28. $\dfrac{10}{12}+\dfrac{4}{12}=\dfrac{14}{12}=1\dfrac{2}{12}$
29. $\dfrac{14}{22}+\dfrac{12}{22}=\dfrac{26}{22}=1\dfrac{4}{22}$
30. $\dfrac{17}{23}+\dfrac{9}{23}=\dfrac{26}{23}=1\dfrac{3}{23}$
31. $\dfrac{10}{13}+\dfrac{8}{13}=\dfrac{18}{13}=1\dfrac{5}{13}$
32. $\dfrac{11}{14}+\dfrac{5}{14}=\dfrac{16}{14}=1\dfrac{2}{14}$
33. $\dfrac{18}{24}+\dfrac{10}{24}=\dfrac{28}{24}=1\dfrac{4}{24}$
34. $\dfrac{12}{15}+\dfrac{4}{15}=\dfrac{16}{15}=1\dfrac{1}{15}$
35. $\dfrac{19}{25}+\dfrac{8}{25}=\dfrac{27}{25}=1\dfrac{2}{25}$
36. $\dfrac{19}{28}+\dfrac{13}{28}=\dfrac{32}{28}=1\dfrac{4}{28}$
37. $\dfrac{24}{31}+\dfrac{17}{31}=\dfrac{41}{31}=1\dfrac{10}{31}$
38. $\dfrac{26}{35}+\dfrac{21}{35}=\dfrac{47}{35}=1\dfrac{12}{35}$
39. $\dfrac{34}{40}+\dfrac{19}{40}=\dfrac{53}{40}=1\dfrac{13}{40}$
40. $\dfrac{31}{42}+\dfrac{21}{42}=\dfrac{52}{42}=1\dfrac{10}{42}$

5일차

1. $\dfrac{1}{4}\quad\dfrac{2}{4}=\dfrac{3}{4}$
2. $\dfrac{2}{5}\quad\dfrac{1}{5}=\dfrac{3}{5}$
3. $\dfrac{4}{5}\quad\dfrac{3}{5}=\dfrac{7}{5}=1\dfrac{2}{5}$
4. $\dfrac{2}{7}\quad\dfrac{1}{7}=\dfrac{3}{7}$
5. $\dfrac{2}{8}\quad\dfrac{5}{8}=\dfrac{7}{8}$
6. $\dfrac{1}{8}\quad\dfrac{4}{8}=\dfrac{5}{8}$
7. $\dfrac{2}{9}\quad\dfrac{6}{9}=\dfrac{8}{9}$
8. $\dfrac{3}{10}\quad\dfrac{4}{10}=\dfrac{7}{10}$
9. $\dfrac{3}{10}\quad\dfrac{6}{10}=\dfrac{9}{10}$
10. $\dfrac{4}{11}\quad\dfrac{5}{11}=\dfrac{9}{11}$
11. $\dfrac{3}{12}\quad\dfrac{8}{12}=\dfrac{11}{12}$
12. $\dfrac{14}{17}\quad\dfrac{2}{17}=\dfrac{16}{17}$
13. $\dfrac{13}{18}\quad\dfrac{2}{18}=\dfrac{15}{18}$
14. $\dfrac{8}{21}\quad\dfrac{9}{21}=\dfrac{17}{21}$
15. $\dfrac{4}{6}\quad\dfrac{5}{6}=\dfrac{9}{6}=1\dfrac{3}{6}$
16. $\dfrac{6}{7}\quad\dfrac{5}{7}=\dfrac{11}{7}=1\dfrac{4}{7}$
17. $\dfrac{2}{6}\quad\dfrac{3}{6}=\dfrac{5}{6}$
18. $\dfrac{11}{15}\quad\dfrac{8}{15}=\dfrac{19}{15}=1\dfrac{4}{15}$
19. $\dfrac{5}{10}\quad\dfrac{13}{10}=\dfrac{18}{10}=1\dfrac{8}{10}$
20. $\dfrac{5}{8}\quad\dfrac{7}{8}=\dfrac{12}{8}=1\dfrac{4}{8}$
21. $\dfrac{9}{10}\quad\dfrac{5}{10}=\dfrac{14}{10}=1\dfrac{4}{10}$
22. $\dfrac{5}{8}\quad\dfrac{6}{8}=\dfrac{11}{8}=1\dfrac{3}{8}$
23. $\dfrac{9}{16}\quad\dfrac{11}{16}=\dfrac{20}{16}=1\dfrac{4}{16}$
24. $\dfrac{8}{15}\quad\dfrac{10}{15}=\dfrac{18}{15}=1\dfrac{3}{15}$
25. $\dfrac{3}{7}\quad\dfrac{5}{7}=\dfrac{8}{7}=1\dfrac{1}{7}$
26. $\dfrac{12}{17}\quad\dfrac{8}{17}=\dfrac{20}{17}=1\dfrac{3}{17}$
27. $\dfrac{10}{13}\quad\dfrac{7}{13}=\dfrac{17}{13}=1\dfrac{4}{13}$
28. $\dfrac{8}{14}\quad\dfrac{11}{14}=\dfrac{19}{14}=1\dfrac{5}{14}$
29. $\dfrac{7}{11}\quad\dfrac{9}{11}=\dfrac{16}{11}=1\dfrac{5}{11}$
30. $\dfrac{4}{11}\quad\dfrac{9}{11}=\dfrac{13}{11}=1\dfrac{2}{11}$
31. $\dfrac{7}{12}\quad\dfrac{8}{12}=\dfrac{15}{12}=1\dfrac{3}{12}$
32. $\dfrac{10}{19}\quad\dfrac{12}{19}=\dfrac{22}{19}=1\dfrac{3}{19}$

분수의 덧셈(2)

1일차
22~23쪽

1. $4\frac{1}{4}+1\frac{1}{4}=5\frac{2}{4}$

2. $1\frac{2}{5}+4\frac{2}{5}=5\frac{4}{5}$

3. $2\frac{3}{5}+1\frac{1}{5}=3\frac{4}{5}$

4. $1\frac{2}{6}+2\frac{3}{6}=3\frac{5}{6}$

5. $1\frac{1}{7}+2\frac{3}{7}=3\frac{4}{7}$

6. $2\frac{3}{8}+1\frac{2}{8}=3\frac{5}{8}$

7. $4\frac{1}{8}+3\frac{6}{8}=7\frac{7}{8}$

8. $2\frac{2}{9}+3\frac{5}{9}=5\frac{7}{9}$

9. $1\frac{3}{9}+2\frac{4}{9}=3\frac{7}{9}$

10. $1\frac{4}{10}+1\frac{5}{10}=2\frac{9}{10}$

11. $3\frac{2}{10}+1\frac{5}{10}=4\frac{7}{10}$

12. $2\frac{5}{11}+3\frac{3}{11}=5\frac{8}{11}$

13. $2\frac{3}{11}+1\frac{4}{11}=3\frac{7}{11}$

14. $1\frac{3}{12}+6\frac{7}{12}=7\frac{10}{12}$

15. $5\frac{5}{12}+1\frac{2}{12}=6\frac{7}{12}$

16. $3\frac{5}{13}+4\frac{6}{13}=7\frac{11}{13}$

17. $2\frac{7}{14}+4\frac{3}{14}=6\frac{10}{14}$

18. $6\frac{8}{15}+2\frac{6}{15}=8\frac{14}{15}$

19. $3\frac{1}{4}+2\frac{2}{4}=5\frac{3}{4}$

20. $1\frac{2}{5}+3\frac{1}{5}=4\frac{3}{5}$

21. $1\frac{2}{6}+3\frac{2}{6}=4\frac{4}{6}$

22. $1\frac{3}{7}+1\frac{3}{7}=2\frac{6}{7}$

23. $1\frac{1}{8}+1\frac{4}{8}=2\frac{5}{8}$

24. $4\frac{1}{8}+2\frac{6}{8}=6\frac{7}{8}$

25. $1\frac{5}{9}+3\frac{2}{9}=4\frac{7}{9}$

26. $4\frac{5}{10}+5\frac{4}{10}=9\frac{9}{10}$

27. $3\frac{4}{10}+4\frac{3}{10}=7\frac{7}{10}$

28. $2\frac{7}{11}+7\frac{2}{11}=9\frac{9}{11}$

29. $1\frac{8}{11}+8\frac{1}{11}=9\frac{9}{11}$

30. $2\frac{4}{12}+3\frac{6}{12}=5\frac{10}{12}$

31. $4\frac{6}{12}+1\frac{5}{12}=5\frac{11}{12}$

32. $1\frac{4}{13}+2\frac{5}{13}=3\frac{9}{13}$

33. $1\frac{6}{14}+2\frac{5}{14}=3\frac{11}{14}$

34. $3\frac{5}{14}+1\frac{8}{14}=4\frac{13}{14}$

35. $5\frac{4}{15}+3\frac{5}{15}=8\frac{9}{15}$

36. $1\frac{9}{16}+3\frac{5}{16}=4\frac{14}{16}$

37. $2\frac{7}{16}+3\frac{6}{16}=5\frac{13}{16}$

38. $4\frac{9}{18}+2\frac{7}{18}=6\frac{16}{18}$

2일차
24~25쪽

1. $1\frac{5}{7}+4\frac{1}{7}=5\frac{6}{7}$

2. $1\frac{2}{10}+2\frac{5}{10}=3\frac{7}{10}$

3. $2\frac{7}{18}+3\frac{4}{18}=5\frac{11}{18}$

4. $1\frac{13}{20}+3\frac{5}{20}=4\frac{18}{20}$

5. $1\frac{6}{8}+2\frac{1}{8}=3\frac{7}{8}$

6. $2\frac{5}{9}+4\frac{3}{9}=6\frac{8}{9}$

7. $3\frac{8}{13}+6\frac{3}{13}=9\frac{11}{13}$

8. $5\frac{12}{17}+4\frac{4}{17}=9\frac{16}{17}$

9. $2\frac{11}{16}+3\frac{3}{16}=5\frac{14}{16}$

10. $1\frac{4}{19}+3\frac{13}{19}=4\frac{17}{19}$

11. $2\frac{9}{22}+3\frac{7}{22}=5\frac{16}{22}$

12. $1\frac{12}{23}+7\frac{7}{23}=8\frac{19}{23}$

13. $3\frac{4}{12}+2\frac{5}{12}=5\frac{9}{12}$

14. $6\frac{3}{14}+3\frac{10}{14}=9\frac{13}{14}$

15. $5\frac{5}{11}+4\frac{3}{11}=9\frac{8}{11}$

16. $2\frac{7}{15}+7\frac{5}{15}=9\frac{12}{15}$

17. $3\frac{6}{21}+5\frac{14}{21}=8\frac{20}{21}$

18. $4\frac{4}{24}+2\frac{9}{24}=6\frac{13}{24}$

19. $1\frac{3}{10}+2\frac{4}{10}=3\frac{7}{10}$

20. $6\frac{2}{7}+3\frac{4}{7}=9\frac{6}{7}$

21. $2\frac{4}{14}+3\frac{3}{14}=5\frac{7}{14}$

22. $2\frac{3}{12}+2\frac{5}{12}=4\frac{8}{12}$

23. $4\frac{11}{23}+1\frac{9}{23}=5\frac{20}{23}$

24. $1\frac{10}{15}+2\frac{4}{15}=3\frac{14}{15}$

25. $4\frac{13}{26}+5\frac{8}{26}=9\frac{21}{26}$

26. $3\frac{2}{23}+2\frac{2}{23}=5\frac{4}{23}$

27. $1\frac{3}{19}+3\frac{4}{19}=4\frac{7}{19}$

28. $2\frac{2}{19}+2\frac{6}{19}=4\frac{8}{19}$

29. $3\frac{2}{18}+2\frac{11}{18}=5\frac{13}{18}$

30. $3\frac{5}{20}+5\frac{14}{20}=8\frac{19}{20}$

31. $5\frac{11}{17}+4\frac{5}{17}=9\frac{16}{17}$

32. $1\frac{8}{25}+8\frac{9}{25}=9\frac{17}{25}$

33. $5\frac{4}{14}+3\frac{3}{14}=8\frac{7}{14}$

34. $2\frac{9}{13}+6\frac{2}{13}=8\frac{11}{13}$

35. $4\frac{7}{22}+2\frac{8}{22}=6\frac{15}{22}$

36. $7\frac{4}{11}+3\frac{6}{11}=10\frac{10}{11}$

37. $3\frac{1}{16}+8\frac{11}{16}=11\frac{12}{16}$

38. $8\frac{8}{21}+7\frac{6}{21}=15\frac{14}{21}$

1. $3\frac{2}{3} + 4\frac{2}{3} = 8\frac{1}{3}$
2. $1\frac{2}{5} + 3\frac{4}{5} = 5\frac{1}{5}$
3. $2\frac{4}{5} + 1\frac{3}{5} = 4\frac{2}{5}$
4. $1\frac{4}{6} + 5\frac{3}{6} = 7\frac{1}{6}$
5. $3\frac{6}{7} + 2\frac{4}{7} = 6\frac{3}{7}$
6. $2\frac{3}{8} + 2\frac{6}{8} = 5\frac{1}{8}$
7. $5\frac{5}{8} + 3\frac{7}{8} = 9\frac{4}{8}$
8. $6\frac{8}{9} + 3\frac{7}{9} = 10\frac{6}{9}$
9. $3\frac{7}{10} + 4\frac{5}{10} = 8\frac{2}{10}$
10. $3\frac{9}{11} + 4\frac{8}{11} = 8\frac{6}{11}$
11. $2\frac{4}{12} + 3\frac{9}{12} = 6\frac{1}{12}$
12. $7\frac{5}{12} + 2\frac{9}{12} = 10\frac{2}{12}$
13. $1\frac{5}{13} + 4\frac{11}{13} = 6\frac{3}{13}$
14. $2\frac{7}{13} + 4\frac{8}{13} = 7\frac{2}{13}$
15. $3\frac{2}{14} + 2\frac{13}{14} = 6\frac{1}{14}$
16. $3\frac{3}{7} + 8\frac{5}{7} = 12\frac{1}{7}$
17. $2\frac{9}{11} + 10\frac{6}{11} = 13\frac{4}{11}$
18. $2\frac{10}{16} + 2\frac{9}{16} = 5\frac{3}{16}$
19. $2\frac{5}{20} + 3\frac{19}{20} = 6\frac{4}{20}$
20. $9\frac{7}{11} + 3\frac{9}{11} = 13\frac{5}{11}$
21. $5\frac{8}{15} + 13\frac{9}{15} = 19\frac{2}{15}$
22. $2\frac{16}{23} + 16\frac{17}{23} = 19\frac{10}{23}$
23. $14\frac{5}{9} + 4\frac{6}{9} = 19\frac{2}{9}$
24. $7\frac{15}{19} + 15\frac{9}{19} = 23\frac{3}{19}$
25. $4\frac{14}{18} + 9\frac{7}{18} = 14\frac{3}{18}$
26. $2\frac{5}{14} + 3\frac{12}{14} = 6\frac{3}{14}$
27. $11\frac{14}{17} + 3\frac{8}{17} = 15\frac{5}{17}$
28. $5\frac{18}{21} + 11\frac{15}{21} = 17\frac{12}{21}$
29. $3\frac{8}{24} + 13\frac{17}{24} = 17\frac{1}{24}$
30. $6\frac{7}{8} + 2\frac{3}{8} = 9\frac{2}{8}$
31. $2\frac{9}{12} + 3\frac{5}{12} = 6\frac{2}{12}$
32. $10\frac{7}{10} + 1\frac{8}{10} = 12\frac{5}{10}$
33. $7\frac{13}{26} + 10\frac{18}{26} = 18\frac{5}{26}$
34. $4\frac{8}{13} + 2\frac{11}{13} = 7\frac{6}{13}$
35. $2\frac{14}{22} + 3\frac{16}{22} = 6\frac{8}{22}$
36. $19\frac{12}{25} + 3\frac{18}{25} = 23\frac{5}{25}$

1. $1\frac{3}{5} + 2\frac{4}{5} = 4\frac{2}{5}$
2. $3\frac{4}{5} + 1\frac{4}{5} = 5\frac{3}{5}$
3. $1\frac{3}{6} + 2\frac{5}{6} = 4\frac{2}{6}$
4. $2\frac{3}{7} + 3\frac{6}{7} = 6\frac{2}{7}$
5. $3\frac{4}{7} + 2\frac{5}{7} = 6\frac{2}{7}$
6. $2\frac{7}{8} + 2\frac{5}{8} = 5\frac{4}{8}$
7. $3\frac{4}{8} + 1\frac{6}{8} = 5\frac{2}{8}$
8. $2\frac{4}{9} + 4\frac{6}{9} = 7\frac{1}{9}$
9. $2\frac{5}{9} + 1\frac{8}{9} = 4\frac{4}{9}$
10. $1\frac{5}{11} + 3\frac{8}{11} = 5\frac{2}{11}$
11. $1\frac{7}{12} + 1\frac{9}{12} = 3\frac{4}{12}$
12. $3\frac{5}{12} + 2\frac{8}{12} = 6\frac{1}{12}$
13. $4\frac{8}{13} + 3\frac{10}{13} = 8\frac{5}{13}$
14. $2\frac{6}{13} + 3\frac{9}{13} = 6\frac{2}{13}$
15. $2\frac{7}{14} + 2\frac{11}{14} = 5\frac{4}{14}$
16. $2\frac{7}{15} + 3\frac{9}{15} = 6\frac{1}{15}$
17. $3\frac{9}{16} + 2\frac{12}{16} = 6\frac{5}{16}$
18. $1\frac{13}{17} + 2\frac{9}{17} = 4\frac{5}{17}$
19. $3\frac{4}{5} + 4\frac{3}{5} = 8\frac{2}{5}$
20. $4\frac{7}{9} + 3\frac{6}{9} = 8\frac{4}{9}$
21. $3\frac{7}{12} + 2\frac{9}{12} = 6\frac{4}{12}$
22. $\frac{9}{15} + 3\frac{7}{15} = 4\frac{1}{15}$
23. $\frac{17}{18} + 4\frac{4}{18} = 5\frac{3}{18}$
24. $2\frac{4}{11} + 2\frac{8}{11} = 5\frac{1}{11}$
25. $1\frac{7}{23} + 2\frac{19}{23} = 4\frac{3}{23}$
26. $2\frac{3}{4} + 3\frac{2}{4} = 6\frac{1}{4}$
27. $2\frac{4}{7} + 4\frac{6}{7} = 7\frac{3}{7}$
28. $2\frac{6}{10} + 1\frac{9}{10} = 4\frac{5}{10}$
29. $1\frac{8}{13} + 2\frac{9}{13} = 4\frac{4}{13}$
30. $2\frac{15}{16} + 2\frac{14}{16} = 5\frac{13}{16}$
31. $3\frac{16}{20} + \frac{9}{20} = 4\frac{5}{20}$
32. $1\frac{15}{22} + 1\frac{7}{22} = 3$
33. $1\frac{4}{6} + 2\frac{2}{6} = 4$
34. $3\frac{5}{8} + 1\frac{3}{8} = 5$
35. $2\frac{6}{14} + 3\frac{8}{14} = 6$
36. $5\frac{9}{17} + 1\frac{8}{17} = 7$
37. $2\frac{10}{19} + 5\frac{9}{19} = 8$
38. $7\frac{14}{21} + 1\frac{7}{21} = 9$

1. $3\frac{1}{4} + 1\frac{1}{4} = 4\frac{2}{4}$
2. $3\frac{2}{5} + 1\frac{1}{5} = 4\frac{3}{5}$
3. $1\frac{4}{6} + 4\frac{1}{6} = 5\frac{5}{6}$
4. $2\frac{1}{7} + 2\frac{5}{7} = 4\frac{6}{7}$
5. $3\frac{5}{8} + 3\frac{2}{8} = 6\frac{7}{8}$
6. $4\frac{4}{9} + 2\frac{4}{9} = 6\frac{8}{9}$
7. $3\frac{4}{10} + 3\frac{3}{10} = 6\frac{7}{10}$
8. $1\frac{7}{11} + 2\frac{2}{11} = 3\frac{9}{11}$
9. $2\frac{7}{12} + 1\frac{3}{12} = 3\frac{10}{12}$
10. $2\frac{8}{13} + 2\frac{3}{13} = 4\frac{11}{13}$
11. $3\frac{7}{14} + 1\frac{6}{14} = 4\frac{13}{14}$
12. $2\frac{3}{15} + 1\frac{8}{15} = 3\frac{11}{15}$
13. $2\frac{8}{16} + 1\frac{7}{16} = 3\frac{15}{16}$
14. $2\frac{7}{17} + 1\frac{7}{17} = 3\frac{14}{17}$
15. $2\frac{9}{18} + 3\frac{4}{18} = 5\frac{13}{18}$
16. $2\frac{7}{19} + 2\frac{9}{19} = 4\frac{16}{19}$
17. $2\frac{4}{20} + 2\frac{11}{20} = 4\frac{15}{20}$
18. $2\frac{6}{7} + 1\frac{5}{7} = 4\frac{4}{7}$
19. $3\frac{8}{12} + 2\frac{9}{12} = 6\frac{5}{12}$
20. $1\frac{7}{9} + 1\frac{8}{9} = 3\frac{6}{9}$
21. $1\frac{9}{16} + 1\frac{10}{16} = 3\frac{3}{16}$
22. $2\frac{18}{23} + 4\frac{16}{23} = 7\frac{11}{23}$
23. $1\frac{17}{19} + 3\frac{12}{19} = 5\frac{10}{19}$
24. $2\frac{7}{8} + 4\frac{5}{8} = 7\frac{4}{8}$
25. $2\frac{4}{11} + 1\frac{9}{11} = 4\frac{2}{11}$
26. $4\frac{16}{20} + 2\frac{7}{20} = 7\frac{3}{20}$
27. $3\frac{8}{15} + 3\frac{14}{15} = 7\frac{7}{15}$
28. $1\frac{16}{17} + 2\frac{9}{17} = 4\frac{8}{17}$
29. $2\frac{11}{13} + 3\frac{8}{13} = 6\frac{6}{13}$
30. $2\frac{13}{14} + 5\frac{11}{14} = 8\frac{10}{14}$
31. $3\frac{11}{22} + 4\frac{14}{22} = 8\frac{3}{22}$
32. $2\frac{15}{18} + 1\frac{13}{18} = 4\frac{10}{18}$
33. $3\frac{19}{21} + 2\frac{17}{21} = 6\frac{15}{21}$
34. $7\frac{19}{22} + 3\frac{9}{22} = 11\frac{6}{22}$
35. $2\frac{17}{23} + 7\frac{18}{23} = 10\frac{12}{23}$

분수의 뺄셈(1)

1일차
34~35쪽

(5) $\dfrac{4}{8} - \dfrac{2}{8} = \dfrac{2}{8}$

(6) $\dfrac{7}{10} - \dfrac{2}{10} = \dfrac{5}{10}$

(7) $\dfrac{8}{11} - \dfrac{4}{11} = \dfrac{4}{11}$

(1) $\dfrac{3}{4} - \dfrac{2}{4} = \dfrac{1}{4}$

(2) $\dfrac{4}{5} - \dfrac{1}{5} = \dfrac{3}{5}$

(3) $\dfrac{3}{6} - \dfrac{1}{6} = \dfrac{2}{6}$

(4) $\dfrac{5}{7} - \dfrac{2}{7} = \dfrac{3}{7}$

(12) $\dfrac{7}{16} - \dfrac{4}{16} = \dfrac{3}{16}$

(13) $\dfrac{11}{17} - \dfrac{8}{17} = \dfrac{3}{17}$

(14) $\dfrac{9}{18} - \dfrac{4}{18} = \dfrac{5}{18}$

(8) $\dfrac{7}{12} - \dfrac{3}{12} = \dfrac{4}{12}$

(9) $\dfrac{9}{13} - \dfrac{4}{13} = \dfrac{5}{13}$

(10) $\dfrac{8}{14} - \dfrac{5}{14} = \dfrac{3}{14}$

(11) $\dfrac{10}{15} - \dfrac{3}{15} = \dfrac{7}{15}$

(15) $\dfrac{12}{19} - \dfrac{7}{19} = \dfrac{5}{19}$

(16) $\dfrac{11}{20} - \dfrac{5}{20} = \dfrac{6}{20}$

(17) $\dfrac{13}{21} - \dfrac{9}{21} = \dfrac{4}{21}$

(18) $\dfrac{14}{22} - \dfrac{7}{22} = \dfrac{7}{22}$

(19) $\dfrac{3}{5} - \dfrac{1}{5} = \dfrac{2}{5}$

(20) $\dfrac{4}{6} - \dfrac{3}{6} = \dfrac{1}{6}$

(21) $\dfrac{5}{7} - \dfrac{3}{7} = \dfrac{2}{7}$

(22) $\dfrac{5}{8} - \dfrac{2}{8} = \dfrac{3}{8}$

(23) $\dfrac{7}{8} - \dfrac{3}{8} = \dfrac{4}{8}$

(24) $\dfrac{5}{9} - \dfrac{2}{9} = \dfrac{3}{9}$

(25) $\dfrac{6}{10} - \dfrac{3}{10} = \dfrac{3}{10}$

(26) $\dfrac{8}{10} - \dfrac{2}{10} = \dfrac{6}{10}$

(27) $\dfrac{7}{11} - \dfrac{3}{11} = \dfrac{4}{11}$

(28) $\dfrac{9}{11} - \dfrac{4}{11} = \dfrac{5}{11}$

(29) $\dfrac{8}{12} - \dfrac{3}{12} = \dfrac{5}{12}$

(30) $\dfrac{9}{12} - \dfrac{6}{12} = \dfrac{3}{12}$

(31) $\dfrac{7}{13} - \dfrac{5}{13} = \dfrac{2}{13}$

(32) $\dfrac{11}{13} - \dfrac{6}{13} = \dfrac{5}{13}$

(33) $\dfrac{13}{14} - \dfrac{8}{14} = \dfrac{5}{14}$

(34) $\dfrac{12}{14} - \dfrac{7}{14} = \dfrac{5}{14}$

(35) $\dfrac{14}{15} - \dfrac{6}{15} = \dfrac{8}{15}$

(36) $\dfrac{13}{15} - \dfrac{3}{15} = \dfrac{10}{15}$

(37) $\dfrac{11}{16} - \dfrac{8}{16} = \dfrac{3}{16}$

(38) $\dfrac{14}{16} - \dfrac{9}{16} = \dfrac{5}{16}$

(39) $\dfrac{15}{17} - \dfrac{8}{17} = \dfrac{7}{17}$

2일차
36~37쪽

(6) $\dfrac{7}{14} - \dfrac{3}{14} = \dfrac{4}{14}$

(7) $\dfrac{9}{15} - \dfrac{8}{15} = \dfrac{1}{15}$

(1) $\dfrac{6}{9} - \dfrac{2}{9} = \dfrac{4}{9}$

(2) $\dfrac{8}{10} - \dfrac{5}{10} = \dfrac{3}{10}$

(3) $\dfrac{6}{11} - \dfrac{4}{11} = \dfrac{2}{11}$

(4) $\dfrac{9}{12} - \dfrac{7}{12} = \dfrac{2}{12}$

(5) $\dfrac{8}{13} - \dfrac{2}{13} = \dfrac{6}{13}$

(13) $\dfrac{11}{16} - \dfrac{3}{16} = \dfrac{8}{16}$

(14) $\dfrac{13}{21} - \dfrac{7}{21} = \dfrac{6}{21}$

(8) $\dfrac{14}{25} - \dfrac{8}{25} = \dfrac{6}{25}$

(9) $\dfrac{11}{12} - \dfrac{4}{12} = \dfrac{7}{12}$

(10) $\dfrac{16}{18} - \dfrac{9}{18} = \dfrac{7}{18}$

(11) $\dfrac{12}{23} - \dfrac{9}{23} = \dfrac{3}{23}$

(12) $\dfrac{12}{20} - \dfrac{7}{20} = \dfrac{5}{20}$

(15) $\dfrac{16}{17} - \dfrac{7}{17} = \dfrac{9}{17}$

(16) $\dfrac{17}{24} - \dfrac{9}{24} = \dfrac{8}{24}$

(17) $\dfrac{13}{14} - \dfrac{11}{14} = \dfrac{2}{14}$

(18) $\dfrac{11}{19} - \dfrac{3}{19} = \dfrac{8}{19}$

(19) $\dfrac{21}{22} - \dfrac{18}{22} = \dfrac{3}{22}$

(20) $\dfrac{2}{7} - \dfrac{1}{7} = \dfrac{1}{7}$

(21) $\dfrac{8}{10} - \dfrac{3}{10} = \dfrac{5}{10}$

(22) $\dfrac{5}{16} - \dfrac{2}{16} = \dfrac{3}{16}$

(23) $\dfrac{7}{11} - \dfrac{6}{11} = \dfrac{1}{11}$

(24) $\dfrac{11}{12} - \dfrac{5}{12} = \dfrac{6}{12}$

(25) $\dfrac{10}{13} - \dfrac{6}{13} = \dfrac{4}{13}$

(26) $\dfrac{10}{14} - \dfrac{9}{14} = \dfrac{1}{14}$

(27) $\dfrac{13}{17} - \dfrac{11}{17} = \dfrac{2}{17}$

(28) $\dfrac{17}{18} - \dfrac{12}{18} = \dfrac{5}{18}$

(29) $\dfrac{18}{24} - \dfrac{13}{24} = \dfrac{5}{24}$

(30) $\dfrac{16}{19} - \dfrac{13}{19} = \dfrac{3}{19}$

(31) $\dfrac{19}{20} - \dfrac{15}{20} = \dfrac{4}{20}$

(32) $\dfrac{10}{21} - \dfrac{3}{21} = \dfrac{7}{21}$

(33) $\dfrac{20}{22} - \dfrac{14}{22} = \dfrac{6}{22}$

(34) $\dfrac{20}{23} - \dfrac{18}{23} = \dfrac{2}{23}$

(35) $\dfrac{13}{15} - \dfrac{11}{15} = \dfrac{2}{15}$

(36) $\dfrac{24}{25} - \dfrac{18}{25} = \dfrac{6}{25}$

(37) $\dfrac{15}{16} - \dfrac{13}{16} = \dfrac{2}{16}$

(38) $\dfrac{21}{26} - \dfrac{12}{26} = \dfrac{9}{26}$

(39) $\dfrac{14}{17} - \dfrac{12}{17} = \dfrac{2}{17}$

(40) $\dfrac{21}{27} - \dfrac{19}{27} = \dfrac{2}{27}$

3일차
38~39쪽

1. $1-\dfrac{1}{2}=\dfrac{1}{2}$
2. $1-\dfrac{1}{3}=\dfrac{2}{3}$
3. $1-\dfrac{3}{4}=\dfrac{1}{4}$
4. $1-\dfrac{2}{5}=\dfrac{3}{5}$
5. $1-\dfrac{4}{5}=\dfrac{1}{5}$
6. $1-\dfrac{3}{6}=\dfrac{3}{6}$
7. $1-\dfrac{5}{6}=\dfrac{1}{6}$
8. $1-\dfrac{1}{7}=\dfrac{6}{7}$
9. $1-\dfrac{5}{7}=\dfrac{2}{7}$
10. $1-\dfrac{3}{8}=\dfrac{5}{8}$
11. $1-\dfrac{6}{8}=\dfrac{2}{8}$
12. $1-\dfrac{2}{9}=\dfrac{7}{9}$
13. $1-\dfrac{7}{9}=\dfrac{2}{9}$
14. $1-\dfrac{5}{10}=\dfrac{5}{10}$
15. $1-\dfrac{8}{10}=\dfrac{2}{10}$
16. $1-\dfrac{4}{11}=\dfrac{7}{11}$
17. $1-\dfrac{9}{11}=\dfrac{2}{11}$
18. $1-\dfrac{7}{12}=\dfrac{5}{12}$
19. $1-\dfrac{11}{12}=\dfrac{1}{12}$
20. $1-\dfrac{3}{11}=\dfrac{8}{11}$
21. $1-\dfrac{10}{11}=\dfrac{1}{11}$
22. $1-\dfrac{4}{12}=\dfrac{8}{12}$
23. $1-\dfrac{11}{12}=\dfrac{1}{12}$
24. $1-\dfrac{6}{13}=\dfrac{7}{13}$
25. $1-\dfrac{10}{13}=\dfrac{3}{13}$
26. $1-\dfrac{5}{14}=\dfrac{9}{14}$
27. $1-\dfrac{11}{14}=\dfrac{3}{14}$
28. $1-\dfrac{6}{15}=\dfrac{9}{15}$
29. $1-\dfrac{13}{15}=\dfrac{2}{15}$
30. $1-\dfrac{9}{16}=\dfrac{7}{16}$
31. $1-\dfrac{11}{16}=\dfrac{5}{16}$
32. $1-\dfrac{8}{17}=\dfrac{9}{17}$
33. $1-\dfrac{14}{17}=\dfrac{3}{17}$
34. $1-\dfrac{7}{18}=\dfrac{11}{18}$
35. $1-\dfrac{16}{18}=\dfrac{2}{18}$
36. $1-\dfrac{9}{19}=\dfrac{10}{19}$
37. $1-\dfrac{17}{19}=\dfrac{2}{19}$
38. $1-\dfrac{8}{20}=\dfrac{12}{20}$

4일차
40~41쪽

1. $1-\dfrac{2}{11}=\dfrac{9}{11}$
2. $1-\dfrac{9}{14}=\dfrac{5}{14}$
3. $1-\dfrac{8}{21}=\dfrac{13}{21}$
4. $1-\dfrac{7}{15}=\dfrac{8}{15}$
5. $1-\dfrac{15}{20}=\dfrac{5}{20}$
6. $1-\dfrac{8}{9}=\dfrac{1}{9}$
7. $1-\dfrac{3}{12}=\dfrac{9}{12}$
8. $1-\dfrac{15}{22}=\dfrac{7}{22}$
9. $1-\dfrac{2}{13}=\dfrac{11}{13}$
10. $1-\dfrac{18}{23}=\dfrac{5}{23}$
11. $1-\dfrac{10}{13}=\dfrac{3}{13}$
12. $1-\dfrac{17}{24}=\dfrac{7}{24}$
13. $1-\dfrac{4}{10}=\dfrac{6}{10}$
14. $1-\dfrac{13}{25}=\dfrac{12}{25}$
15. $1-\dfrac{12}{16}=\dfrac{4}{16}$
16. $1-\dfrac{18}{26}=\dfrac{8}{26}$
17. $1-\dfrac{14}{17}=\dfrac{3}{17}$
18. $1-\dfrac{13}{19}=\dfrac{6}{19}$
19. $1-\dfrac{11}{18}=\dfrac{7}{18}$
20. $1-\dfrac{6}{7}=\dfrac{1}{7}$
21. $1-\dfrac{5}{9}=\dfrac{4}{9}$
22. $1-\dfrac{11}{20}=\dfrac{9}{20}$
23. $1-\dfrac{9}{10}=\dfrac{1}{10}$
24. $1-\dfrac{10}{21}=\dfrac{11}{21}$
25. $1-\dfrac{17}{24}=\dfrac{7}{24}$
26. $1-\dfrac{4}{13}=\dfrac{9}{13}$
27. $1-\dfrac{17}{23}=\dfrac{6}{23}$
28. $1-\dfrac{13}{17}=\dfrac{4}{17}$
29. $1-\dfrac{10}{12}=\dfrac{2}{12}$
30. $1-\dfrac{11}{19}=\dfrac{8}{19}$
31. $1-\dfrac{11}{22}=\dfrac{11}{22}$
32. $1-\dfrac{16}{21}=\dfrac{5}{21}$
33. $1-\dfrac{22}{25}=\dfrac{3}{25}$
34. $1-\dfrac{10}{16}=\dfrac{6}{16}$
35. $1-\dfrac{10}{14}=\dfrac{4}{14}$
36. $1-\dfrac{15}{27}=\dfrac{12}{27}$
37. $1-\dfrac{17}{18}=\dfrac{1}{18}$
38. $1-\dfrac{12}{15}=\dfrac{3}{15}$

5일차
42~43쪽

1. $\dfrac{3}{4}$ $\dfrac{2}{4}$ $\ =\dfrac{1}{4}$
2. 1 $\dfrac{1}{5}$ $\ =\dfrac{4}{5}$
3. $\dfrac{4}{5}$ $\dfrac{2}{5}$ $\ =\dfrac{2}{5}$
4. $\dfrac{2}{7}$ $\dfrac{5}{7}$ $\ =\dfrac{3}{7}$
5. $\dfrac{6}{7}$ 1 $\ =\dfrac{1}{7}$
6. $\dfrac{2}{8}$ $\dfrac{5}{8}$ $\ =\dfrac{3}{8}$
7. 1 $\dfrac{7}{8}$ $\ =\dfrac{1}{8}$
8. $\dfrac{1}{9}$ $\dfrac{5}{9}$ $\ =\dfrac{4}{9}$
9. 1 $\dfrac{6}{9}$ $\ =\dfrac{3}{9}$
10. $\dfrac{3}{10}$ 1 $\ =\dfrac{7}{10}$
11. $\dfrac{9}{11}$ $\dfrac{4}{11}$ $\ =\dfrac{5}{11}$
12. $\dfrac{7}{11}$ 1 $\ =\dfrac{4}{11}$
13. $\dfrac{7}{12}$ $\dfrac{3}{12}$ $\ =\dfrac{4}{12}$
14. 1 $\dfrac{6}{12}$ $\ =\dfrac{6}{12}$
15. $\dfrac{2}{4}$ 1 $\ =\dfrac{2}{4}$
16. $\dfrac{2}{9}$ $\dfrac{6}{9}$ $\ =\dfrac{4}{9}$
17. 1 $\dfrac{5}{12}$ $\ =\dfrac{7}{12}$
18. $\dfrac{5}{7}$ $\dfrac{3}{7}$ $\ =\dfrac{2}{7}$
19. $\dfrac{13}{19}$ 1 $\ =\dfrac{6}{19}$
20. $\dfrac{12}{18}$ $\dfrac{7}{18}$ $\ =\dfrac{5}{18}$
21. $\dfrac{3}{5}$ $\dfrac{2}{5}$ $\ =\dfrac{1}{5}$
22. $\dfrac{13}{18}$ $\dfrac{4}{18}$ $\ =\dfrac{9}{18}$
23. $\dfrac{3}{10}$ $\dfrac{7}{10}$ $\ =\dfrac{4}{10}$
24. 1 $\dfrac{6}{20}$ $\ =\dfrac{14}{20}$
25. $\dfrac{11}{15}$ $\dfrac{8}{15}$ $\ =\dfrac{3}{15}$
26. $\dfrac{9}{21}$ 1 $\ =\dfrac{12}{21}$
27. 1 $\dfrac{2}{6}$ $\ =\dfrac{4}{6}$
28. $\dfrac{5}{13}$ $\dfrac{11}{13}$ $\ =\dfrac{6}{13}$
29. $\dfrac{8}{14}$ 1 $\ =\dfrac{6}{14}$
30. $\dfrac{2}{11}$ $\dfrac{8}{11}$ $\ =\dfrac{6}{11}$
31. 1 $\dfrac{9}{16}$ $\ =\dfrac{7}{16}$
32. $\dfrac{13}{22}$ $\dfrac{8}{22}$ $\ =\dfrac{5}{22}$

분수의 뺄셈(2)

1일차

46~47쪽

1 $2\frac{2}{3}-1\frac{1}{3}$
$=1\frac{1}{3}$

2 $3\frac{3}{4}-1\frac{2}{4}$
$=2\frac{1}{4}$

3 $5\frac{4}{5}-2\frac{2}{5}$
$=3\frac{2}{5}$

4 $3\frac{5}{6}-2\frac{3}{6}$
$=1\frac{2}{6}$

5 $5\frac{4}{7}-3\frac{2}{7}$
$=2\frac{2}{7}$

6 $6\frac{7}{8}-4\frac{5}{8}$
$=2\frac{2}{8}$

7 $3\frac{7}{9}-2\frac{4}{9}$
$=1\frac{3}{9}$

8 $6\frac{8}{9}-3\frac{3}{9}$
$=3\frac{5}{9}$

9 $5\frac{8}{10}-2\frac{5}{10}$
$=3\frac{3}{10}$

10 $2\frac{7}{11}-1\frac{2}{11}$
$=1\frac{5}{11}$

11 $3\frac{9}{12}-2\frac{3}{12}$
$=1\frac{6}{12}$

12 $7\frac{10}{12}-5\frac{7}{12}$
$=2\frac{3}{12}$

13 $4\frac{10}{13}-3\frac{1}{13}$
$=1\frac{9}{13}$

14 $6\frac{11}{13}-3\frac{6}{13}$
$=3\frac{5}{13}$

15 $5\frac{3}{4}-4\frac{1}{4}$
$=1\frac{2}{4}$

16 $3\frac{3}{5}-2\frac{1}{5}$
$=1\frac{2}{5}$

17 $4\frac{5}{6}-3\frac{2}{6}$
$=1\frac{3}{6}$

18 $5\frac{4}{6}-1\frac{3}{6}$
$=4\frac{1}{6}$

19 $3\frac{6}{7}-2\frac{4}{7}$
$=1\frac{2}{7}$

20 $4\frac{5}{7}-2\frac{1}{7}$
$=2\frac{4}{7}$

21 $2\frac{4}{8}-1\frac{3}{8}$
$=1\frac{1}{8}$

22 $5\frac{7}{8}-3\frac{3}{8}$
$=2\frac{4}{8}$

23 $2\frac{7}{9}-1\frac{2}{9}$
$=1\frac{5}{9}$

24 $4\frac{8}{9}-3\frac{6}{9}$
$=1\frac{2}{9}$

25 $4\frac{9}{10}-2\frac{3}{10}$
$=2\frac{6}{10}$

26 $3\frac{9}{11}-1\frac{5}{11}$
$=2\frac{4}{11}$

27 $2\frac{11}{12}-1\frac{9}{12}$
$=1\frac{2}{12}$

28 $5\frac{12}{13}-2\frac{11}{13}$
$=3\frac{1}{13}$

29 $2\frac{13}{14}-1\frac{9}{14}$
$=1\frac{4}{14}$

30 $3\frac{10}{15}-2\frac{7}{15}$
$=1\frac{3}{15}$

31 $5\frac{9}{16}-4\frac{7}{16}$
$=1\frac{2}{16}$

32 $4\frac{13}{17}-3\frac{11}{17}$
$=1\frac{2}{17}$

33 $3\frac{15}{18}-2\frac{13}{18}$
$=1\frac{2}{18}$

34 $6\frac{17}{18}-5\frac{14}{18}$
$=1\frac{3}{18}$

35 $4\frac{18}{19}-3\frac{3}{19}$
$=1\frac{15}{19}$

2일차

48~49쪽

1 $3\frac{2}{5}-2\frac{1}{5}$
$=1\frac{1}{5}$

2 $4\frac{3}{5}-2\frac{2}{5}$
$=2\frac{1}{5}$

3 $2\frac{4}{6}-1\frac{3}{6}$
$=1\frac{1}{6}$

4 $6\frac{5}{6}-3\frac{2}{6}$
$=3\frac{3}{6}$

5 $3\frac{6}{7}-2\frac{4}{7}$
$=1\frac{2}{7}$

6 $5\frac{5}{7}-2\frac{4}{7}$
$=3\frac{1}{7}$

7 $2\frac{6}{8}-1\frac{2}{8}$
$=1\frac{4}{8}$

8 $5\frac{7}{8}-1\frac{3}{8}$
$=4\frac{4}{8}$

9 $3\frac{8}{9}-2\frac{6}{9}$
$=1\frac{2}{9}$

10 $4\frac{5}{9}-1\frac{2}{9}$
$=3\frac{3}{9}$

11 $2\frac{7}{10}-1\frac{2}{10}$
$=1\frac{5}{10}$

12 $2\frac{8}{10}-1\frac{6}{10}$
$=1\frac{2}{10}$

13 $3\frac{9}{11}-2\frac{2}{11}$
$=1\frac{7}{11}$

14 $5\frac{7}{11}-3\frac{3}{11}$
$=2\frac{4}{11}$

15 $2\frac{11}{12}-1\frac{7}{12}$
$=1\frac{4}{12}$

16 $5\frac{10}{12}-2\frac{9}{12}$
$=3\frac{1}{12}$

17 $3\frac{10}{13}-2\frac{5}{13}$
$=1\frac{5}{13}$

18 $4\frac{9}{13}-1\frac{3}{13}$
$=3\frac{6}{13}$

19 $6\frac{2}{4}-4\frac{1}{4}$
$=2\frac{1}{4}$

20 $3\frac{6}{7}-2\frac{2}{7}$
$=1\frac{4}{7}$

21 $4\frac{9}{11}-1\frac{7}{11}$
$=3\frac{2}{11}$

22 $5\frac{10}{16}-2\frac{4}{16}$
$=3\frac{6}{16}$

23 $3\frac{15}{20}-1\frac{7}{20}$
$=2\frac{8}{20}$

24 $6\frac{7}{11}-3\frac{4}{11}$
$=3\frac{3}{11}$

25 $5\frac{13}{15}-4\frac{9}{15}$
$=1\frac{4}{15}$

26 $3\frac{4}{5}-1\frac{3}{5}$
$=2\frac{1}{5}$

27 $4\frac{7}{9}-3\frac{3}{9}$
$=1\frac{4}{9}$

28 $5\frac{15}{19}-4\frac{8}{19}$
$=1\frac{7}{19}$

29 $5\frac{14}{18}-3\frac{7}{18}$
$=2\frac{7}{18}$

30 $3\frac{13}{14}-1\frac{8}{14}$
$=2\frac{5}{14}$

31 $2\frac{14}{17}-1\frac{10}{17}$
$=1\frac{4}{17}$

32 $4\frac{18}{21}-4\frac{15}{21}$
$=\frac{3}{21}$

33 $5\frac{5}{6}-5\frac{2}{6}$
$=\frac{3}{6}$

34 $6\frac{5}{8}-6\frac{3}{8}$
$=\frac{2}{8}$

35 $3\frac{11}{12}-3\frac{9}{12}$
$=\frac{2}{12}$

36 $7\frac{8}{10}-7\frac{2}{10}$
$=\frac{6}{10}$

37 $2\frac{21}{26}-2\frac{17}{26}$
$=\frac{4}{26}$

38 $9\frac{8}{13}-9\frac{3}{13}$
$=\frac{5}{13}$

3일차

50~51쪽

1. $3\frac{2}{4} - \frac{5}{4} = 2\frac{1}{4}$
2. $6\frac{4}{5} - \frac{8}{5} = 5\frac{1}{5}$
3. $3\frac{3}{6} - \frac{7}{6} = 2\frac{2}{6}$
4. $4\frac{5}{7} - \frac{8}{7} = 3\frac{4}{7}$
5. $5\frac{6}{8} - \frac{9}{8} = 4\frac{5}{8}$
6. $4\frac{5}{9} - \frac{12}{9} = 3\frac{2}{9}$
7. $6\frac{9}{10} - \frac{15}{10} = 5\frac{4}{10}$
8. $5\frac{8}{11} - \frac{17}{11} = 4\frac{2}{11}$
9. $6\frac{10}{12} - \frac{19}{12} = 5\frac{3}{12}$
10. $4\frac{8}{13} - \frac{16}{13} = 3\frac{5}{13}$
11. $3\frac{12}{14} - \frac{23}{14} = 2\frac{3}{14}$
12. $7\frac{13}{15} - \frac{20}{15} = 6\frac{8}{15}$
13. $3\frac{11}{16} - \frac{23}{16} = 2\frac{4}{16}$
14. $6\frac{12}{17} - \frac{21}{17} = 5\frac{8}{17}$
15. $5\frac{11}{18} - \frac{22}{18} = 4\frac{7}{18}$
16. $2\frac{17}{19} - \frac{32}{19} = 1\frac{4}{19}$
17. $3\frac{13}{20} - \frac{26}{20} = 2\frac{7}{20}$
18. $5\frac{16}{21} - \frac{28}{21} = 4\frac{9}{21}$
19. $2\frac{9}{10} - \frac{12}{10} = 1\frac{7}{10}$
20. $5\frac{5}{7} - \frac{11}{7} = 4\frac{1}{7}$
21. $3\frac{10}{14} - \frac{21}{14} = 2\frac{3}{14}$
22. $4\frac{9}{12} - \frac{17}{12} = 3\frac{4}{12}$
23. $5\frac{11}{23} - \frac{31}{23} = 4\frac{3}{23}$
24. $3\frac{13}{15} - \frac{19}{15} = 2\frac{9}{15}$
25. $6\frac{23}{26} - \frac{44}{26} = 5\frac{5}{26}$
26. $3\frac{7}{8} - \frac{12}{8} = 2\frac{3}{8}$
27. $5\frac{15}{19} - \frac{25}{19} = 4\frac{9}{19}$
28. $4\frac{15}{18} - \frac{25}{18} = 3\frac{8}{18}$
29. $7\frac{18}{20} - \frac{33}{20} = 6\frac{5}{20}$
30. $5\frac{11}{17} - \frac{22}{17} = 4\frac{6}{17}$
31. $3\frac{22}{25} - \frac{42}{25} = 2\frac{5}{25}$
32. $4\frac{6}{9} - \frac{10}{9} = 3\frac{5}{9}$
33. $4\frac{9}{13} - \frac{29}{13} = 2\frac{6}{13}$
34. $6\frac{21}{22} - \frac{52}{22} = 4\frac{13}{22}$
35. $4\frac{7}{11} - \frac{25}{11} = 2\frac{4}{11}$
36. $6\frac{13}{16} - \frac{41}{16} = 2\frac{4}{16}$
37. $6\frac{20}{21} - \frac{58}{21} = 4\frac{4}{21}$
38. $7\frac{21}{24} - \frac{57}{24} = 5\frac{12}{24}$
39. $5\frac{14}{23} - \frac{55}{23} = 3\frac{5}{23}$

4일차

52~53쪽

1. $3\frac{3}{4} - \frac{5}{4} = 2\frac{2}{4}$
2. $2\frac{2}{5} - \frac{7}{5} = 1$
3. $\frac{18}{5} - 1\frac{2}{5} = 2\frac{1}{5}$
4. $4\frac{3}{6} - \frac{13}{6} = 2\frac{2}{6}$
5. $\frac{19}{7} - 1\frac{2}{7} = 1\frac{3}{7}$
6. $3\frac{6}{7} - \frac{12}{7} = 2\frac{1}{7}$
7. $\frac{23}{8} - 1\frac{3}{8} = 1\frac{4}{8}$
8. $4\frac{4}{8} - \frac{17}{8} = 2\frac{3}{8}$
9. $\frac{25}{9} - 1\frac{5}{9} = 1\frac{2}{9}$
10. $3\frac{5}{9} - \frac{20}{9} = 1\frac{3}{9}$
11. $\frac{39}{10} - 1\frac{3}{10} = 2\frac{6}{10}$
12. $4\frac{7}{10} - \frac{15}{10} = 3\frac{2}{10}$
13. $5\frac{9}{11} - \frac{30}{11} = 3\frac{1}{11}$
14. $\frac{43}{12} - 1\frac{8}{12} = 1\frac{11}{12}$
15. $4\frac{9}{12} - \frac{32}{12} = 2\frac{1}{12}$
16. $\frac{35}{13} - 2\frac{5}{13} = \frac{4}{13}$
17. $5\frac{11}{13} - \frac{40}{13} = 2\frac{10}{13}$
18. $2\frac{13}{14} - \frac{16}{14} = 1\frac{11}{14}$
19. $3\frac{4}{5} - \frac{13}{5} = 1\frac{1}{5}$
20. $\frac{34}{9} - 1\frac{5}{9} = 2\frac{2}{9}$
21. $2\frac{9}{13} - \frac{19}{13} = 1\frac{3}{13}$
22. $\frac{50}{14} - 2\frac{8}{14} = 1$
23. $3\frac{17}{18} - \frac{22}{18} = 2\frac{13}{18}$
24. $\frac{31}{12} - 1\frac{5}{12} = 1\frac{2}{12}$
25. $3\frac{7}{23} - \frac{28}{23} = 2\frac{2}{23}$
26. $6\frac{3}{4} - \frac{14}{4} = 3\frac{1}{4}$
27. $\frac{19}{7} - 2\frac{5}{7} = 0$
28. $3\frac{6}{10} - \frac{13}{10} = 2\frac{3}{10}$
29. $2\frac{8}{11} - \frac{17}{11} = 1\frac{2}{11}$
30. $\frac{60}{16} - 2\frac{13}{16} = \frac{15}{16}$
31. $3\frac{17}{20} - \frac{29}{20} = 2\frac{8}{20}$
32. $\frac{39}{22} - 1\frac{12}{22} = \frac{5}{22}$
33. $3\frac{5}{6} - \frac{8}{6} = 2\frac{3}{6}$
34. $\frac{21}{8} - 1\frac{5}{8} = 1$
35. $4\frac{12}{15} - \frac{22}{15} = 3\frac{5}{15}$
36. $\frac{58}{17} - 2\frac{3}{17} = 1\frac{4}{17}$
37. $3\frac{11}{19} - \frac{28}{19} = 2\frac{2}{19}$
38. $\frac{119}{21} - 3\frac{8}{21} = 2\frac{6}{21}$
39. $5\frac{15}{24} - \frac{51}{24} = 3\frac{12}{24}$

5일차

54~55쪽

1. $6\frac{3}{4} - 2\frac{2}{4} = 4\frac{1}{4}$
2. $1\frac{1}{5} \quad 4\frac{4}{5} = 3\frac{3}{5}$
3. $2\frac{3}{6} \quad 5\frac{5}{6} = 3\frac{2}{6}$
4. $1\frac{2}{7} \quad 3\frac{4}{7} = 2\frac{2}{7}$
5. $4\frac{6}{7} - 2\frac{3}{7} = 2\frac{3}{7}$
6. $1\frac{3}{8} \quad 4\frac{6}{8} = 3\frac{3}{8}$
7. $4\frac{7}{9} - 3\frac{2}{9} = 1\frac{5}{9}$
8. $1\frac{1}{9} \quad 5\frac{5}{9} = 4\frac{4}{9}$
9. $3\frac{9}{10} - 2\frac{4}{10} = 1\frac{5}{10}$
10. $1\frac{5}{11} \quad 3\frac{7}{11} = 2\frac{2}{11}$
11. $4\frac{11}{12} - 3\frac{3}{12} = 1\frac{8}{12}$
12. $3\frac{11}{13} - 1\frac{4}{13} = 2\frac{7}{13}$
13. $5\frac{9}{14} - 3\frac{6}{14} = 2\frac{3}{14}$
14. $4\frac{13}{15} - 1\frac{7}{15} = 3\frac{6}{15}$
15. $4\frac{4}{7} - \frac{15}{7} = 2\frac{3}{7}$
16. $\frac{12}{7} \quad 3\frac{6}{7} = 2\frac{1}{7}$
17. $1\frac{2}{8} \quad \frac{27}{8} = 2\frac{1}{8}$
18. $\frac{38}{8} - 3\frac{3}{8} = 1\frac{3}{8}$
19. $3\frac{8}{9} - \frac{24}{9} = 1\frac{2}{9}$
20. $\frac{11}{9} \quad 3\frac{7}{9} = 2\frac{5}{9}$
21. $5\frac{7}{10} - \frac{45}{10} = 1\frac{2}{10}$
22. $\frac{36}{10} - 1\frac{3}{10} = 2\frac{3}{10}$
23. $1\frac{2}{11} \quad \frac{30}{11} = 1\frac{6}{11}$
24. $\frac{17}{11} \quad 4\frac{9}{11} = 3\frac{3}{11}$
25. $5\frac{11}{12} - \frac{25}{12} = 3\frac{10}{12}$
26. $\frac{65}{12} - 3\frac{4}{12} = 2\frac{1}{12}$
27. $7\frac{11}{13} - \frac{44}{13} = 4\frac{6}{13}$
28. $\frac{29}{13} \quad 3\frac{5}{13} = 1\frac{2}{13}$
29. $4\frac{11}{15} - \frac{23}{15} = 3\frac{3}{15}$
30. $\frac{25}{15} \quad 2\frac{13}{15} = 1\frac{3}{15}$
31. $3\frac{13}{15} - \frac{35}{15} = 1\frac{8}{15}$
32. $\frac{31}{18} \quad 4\frac{17}{18} = 3\frac{4}{18}$

분수의 뺄셈(3)

1일차

58~59쪽

① $6 - \dfrac{2}{6} = 5\dfrac{4}{6}$

② $3 - \dfrac{2}{7} = 2\dfrac{5}{7}$

③ $5 - \dfrac{4}{7} = 4\dfrac{3}{7}$

④ $4 - \dfrac{5}{8} = 3\dfrac{3}{8}$

⑤ $6 - \dfrac{4}{8} = 5\dfrac{4}{8}$

⑥ $3 - \dfrac{5}{9} = 2\dfrac{4}{9}$

⑦ $5 - \dfrac{3}{9} = 4\dfrac{6}{9}$

⑧ $3 - \dfrac{9}{10} = 2\dfrac{1}{10}$

⑨ $4 - \dfrac{7}{10} = 3\dfrac{3}{10}$

⑩ $2 - \dfrac{8}{11} = 1\dfrac{3}{11}$

⑪ $3 - \dfrac{5}{11} = 2\dfrac{6}{11}$

⑫ $5 - \dfrac{7}{12} = 4\dfrac{5}{12}$

⑬ $7 - \dfrac{9}{12} = 6\dfrac{3}{12}$

⑭ $4 - \dfrac{10}{13} = 3\dfrac{3}{13}$

⑮ $5 - \dfrac{11}{13} = 4\dfrac{2}{13}$

⑯ $3 - \dfrac{13}{14} = 2\dfrac{1}{14}$

⑰ $6 - \dfrac{5}{14} = 5\dfrac{9}{14}$

⑱ $4 - \dfrac{12}{15} = 3\dfrac{3}{15}$

⑲ $5 - \dfrac{1}{4} = 4\dfrac{3}{4}$

⑳ $2 - \dfrac{2}{5} = 1\dfrac{3}{5}$

㉑ $4 - \dfrac{1}{6} = 3\dfrac{5}{6}$

㉒ $5 - \dfrac{3}{6} = 4\dfrac{3}{6}$

㉓ $2 - \dfrac{4}{7} = 1\dfrac{3}{7}$

㉔ $4 - \dfrac{5}{7} = 3\dfrac{2}{7}$

㉕ $3 - \dfrac{1}{8} = 2\dfrac{7}{8}$

㉖ $5 - \dfrac{3}{8} = 4\dfrac{5}{8}$

㉗ $3 - \dfrac{2}{9} = 2\dfrac{7}{9}$

㉘ $4 - \dfrac{2}{9} = 3\dfrac{7}{9}$

㉙ $2 - \dfrac{3}{10} = 1\dfrac{7}{10}$

㉚ $3 - \dfrac{4}{11} = 2\dfrac{7}{11}$

㉛ $5 - \dfrac{8}{12} = 4\dfrac{4}{12}$

㉜ $4 - \dfrac{6}{13} = 3\dfrac{7}{13}$

㉝ $6 - \dfrac{5}{14} = 5\dfrac{9}{14}$

㉞ $3 - \dfrac{11}{15} = 2\dfrac{4}{15}$

㉟ $2 - \dfrac{15}{16} = 1\dfrac{1}{16}$

㊱ $2 - \dfrac{11}{17} = 1\dfrac{6}{17}$

㊲ $3 - \dfrac{13}{18} = 2\dfrac{5}{18}$

㊳ $3 - \dfrac{12}{20} = 2\dfrac{8}{20}$

㊴ $5 - \dfrac{17}{20} = 4\dfrac{3}{20}$

2일차

60~61쪽

① $3 - 1\dfrac{3}{4} = 1\dfrac{1}{4}$

② $5 - 2\dfrac{2}{5} = 2\dfrac{3}{5}$

③ $3 - 1\dfrac{4}{6} = 1\dfrac{2}{6}$

④ $4 - 2\dfrac{3}{7} = 1\dfrac{4}{7}$

⑤ $2 - 1\dfrac{5}{8} = \dfrac{3}{8}$

⑥ $3 - 1\dfrac{7}{9} = 1\dfrac{2}{9}$

⑦ $5 - 3\dfrac{5}{10} = 1\dfrac{5}{10}$

⑧ $4 - 2\dfrac{6}{11} = 1\dfrac{5}{11}$

⑨ $6 - 3\dfrac{7}{12} = 2\dfrac{5}{12}$

⑩ $3 - 1\dfrac{8}{13} = 1\dfrac{5}{13}$

⑪ $2 - 1\dfrac{11}{14} = \dfrac{3}{14}$

⑫ $6 - 3\dfrac{7}{15} = 2\dfrac{8}{15}$

⑬ $4 - 1\dfrac{9}{16} = 2\dfrac{7}{16}$

⑭ $5 - 3\dfrac{11}{17} = 1\dfrac{6}{17}$

⑮ $4 - 2\dfrac{16}{18} = 1\dfrac{2}{18}$

⑯ $7 - 4\dfrac{13}{19} = 2\dfrac{6}{19}$

⑰ $2 - 1\dfrac{15}{20} = \dfrac{5}{20}$

⑱ $4 - 2\dfrac{19}{21} = 1\dfrac{2}{21}$

⑲ $4 - 1\dfrac{1}{3} = 2\dfrac{2}{3}$

⑳ $3 - 1\dfrac{7}{8} = 1\dfrac{1}{8}$

㉑ $5 - 2\dfrac{3}{10} = 2\dfrac{7}{10}$

㉒ $3 - 1\dfrac{8}{14} = 1\dfrac{6}{14}$

㉓ $4 - 2\dfrac{6}{19} = 1\dfrac{13}{19}$

㉔ $8 - 5\dfrac{5}{17} = 2\dfrac{12}{17}$

㉕ $3 - 1\dfrac{7}{16} = 1\dfrac{9}{16}$

㉖ $6 - 3\dfrac{3}{13} = 2\dfrac{10}{13}$

㉗ $2 - 1\dfrac{5}{14} = \dfrac{9}{14}$

㉘ $5 - 2\dfrac{4}{15} = 2\dfrac{11}{15}$

㉙ $4 - 1\dfrac{8}{12} = 2\dfrac{4}{12}$

㉚ $3 - 1\dfrac{9}{18} = 1\dfrac{9}{18}$

㉛ $6 - 3\dfrac{17}{20} = 2\dfrac{3}{20}$

㉜ $7 - 3\dfrac{8}{23} = 3\dfrac{15}{23}$

㉝ $4 - 1\dfrac{3}{5} = 2\dfrac{2}{5}$

㉞ $7 - 2\dfrac{4}{9} = 4\dfrac{5}{9}$

㉟ $9 - 2\dfrac{9}{11} = 6\dfrac{2}{11}$

㊱ $10 - 2\dfrac{11}{13} = 7\dfrac{2}{13}$

㊲ $11 - 4\dfrac{18}{22} = 6\dfrac{4}{22}$

㊳ $12 - 4\dfrac{13}{15} = 7\dfrac{2}{15}$

㊴ $13 - 4\dfrac{17}{21} = 8\dfrac{4}{21}$

1. $5 - 3\frac{1}{2} = 1\frac{1}{2}$
2. $3 - 2\frac{1}{3} = \frac{2}{3}$
3. $4 - 2\frac{2}{3} = 1\frac{1}{3}$
4. $4 - 2\frac{3}{4} = 1\frac{1}{4}$
5. $5 - 2\frac{1}{4} = 2\frac{3}{4}$

6. $6 - 2\frac{4}{5} = 3\frac{1}{5}$
7. $3 - 2\frac{4}{6} = \frac{2}{6}$
8. $5 - 1\frac{3}{6} = 3\frac{3}{6}$
9. $3 - 2\frac{5}{7} = \frac{2}{7}$
10. $7 - 2\frac{4}{7} = 4\frac{3}{7}$

11. $5 - 3\frac{5}{8} = 1\frac{3}{8}$
12. $4 - 2\frac{5}{9} = 1\frac{4}{9}$
13. $8 - 2\frac{7}{9} = 5\frac{2}{9}$
14. $3 - 1\frac{7}{10} = 1\frac{3}{10}$
15. $6 - 4\frac{9}{10} = 1\frac{1}{10}$
16. $4 - 2\frac{3}{11} = 1\frac{8}{11}$

17. $6 - 2\frac{2}{4} = 3\frac{2}{4}$
18. $3 - 2\frac{6}{7} = \frac{1}{7}$
19. $6 - 3\frac{4}{9} = 2\frac{5}{9}$
20. $5 - 3\frac{7}{16} = 1\frac{9}{16}$
21. $6 - 3\frac{3}{10} = 2\frac{7}{10}$
22. $5 - 2\frac{14}{15} = 2\frac{1}{15}$
23. $6 - 2\frac{8}{12} = 3\frac{4}{12}$

24. $3 - 2\frac{3}{5} = \frac{2}{5}$
25. $5 - 3\frac{3}{8} = 1\frac{5}{8}$
26. $4 - 2\frac{8}{11} = 1\frac{3}{11}$
27. $5 - 2\frac{11}{10} = 1\frac{9}{10}$
28. $3 - 2\frac{5}{14} = \frac{9}{14}$
29. $7 - 3\frac{4}{11} = 3\frac{7}{11}$
30. $4 - 2\frac{18}{20} = 1\frac{2}{20}$

31. $4 - 3\frac{1}{6} = \frac{5}{6}$
32. $5 - 1\frac{9}{12} = 3\frac{3}{12}$
33. $4 - 3\frac{7}{15} = \frac{8}{15}$
34. $3 - 1\frac{9}{20} = 1\frac{11}{20}$
35. $2 - 1\frac{9}{18} = \frac{9}{18}$
36. $7 - 3\frac{10}{13} = 3\frac{3}{13}$
37. $4 - 1\frac{15}{21} = 2\frac{6}{21}$

1. $4 - \frac{9}{5} = 2\frac{1}{5}$
2. $3 - \frac{15}{6} = \frac{3}{6}$
3. $2 - \frac{9}{7} = \frac{5}{7}$
4. $5 - \frac{12}{7} = 3\frac{2}{7}$
5. $3 - \frac{13}{8} = 1\frac{3}{8}$

6. $4 - \frac{19}{8} = 1\frac{5}{8}$
7. $5 - \frac{15}{9} = 3\frac{3}{9}$
8. $5 - \frac{22}{9} = 2\frac{5}{9}$
9. $4 - \frac{21}{10} = 1\frac{9}{10}$
10. $6 - \frac{19}{10} = 4\frac{1}{10}$
11. $3 - \frac{20}{11} = 1\frac{2}{11}$
12. $6 - \frac{34}{11} = 2\frac{10}{11}$

13. $4 - \frac{17}{12} = 2\frac{7}{12}$
14. $5 - \frac{25}{12} = 2\frac{11}{12}$
15. $2 - \frac{15}{13} = \frac{11}{13}$
16. $4 - \frac{25}{13} = 2\frac{1}{13}$
17. $5 - \frac{45}{14} = 1\frac{11}{14}$
18. $4 - \frac{19}{15} = 2\frac{11}{15}$
19. $5 - \frac{55}{16} = 1\frac{9}{16}$

20. $3 - \frac{13}{5} = \frac{2}{5}$
21. $4 - \frac{15}{9} = 2\frac{3}{9}$
22. $2 - \frac{18}{13} = \frac{8}{13}$
23. $4 - \frac{29}{14} = 1\frac{13}{14}$
24. $3 - \frac{23}{18} = 1\frac{13}{18}$
25. $5 - \frac{27}{12} = 2\frac{9}{12}$
26. $2 - \frac{27}{23} = \frac{19}{23}$

27. $3 - \frac{34}{27} = 1\frac{20}{27}$
28. $11 - \frac{17}{4} = 6\frac{3}{4}$
29. $10 - \frac{15}{7} = 7\frac{6}{7}$
30. $4 - \frac{13}{10} = 2\frac{7}{10}$
31. $8 - \frac{23}{11} = 5\frac{10}{11}$
32. $5 - \frac{35}{16} = 2\frac{13}{16}$
33. $4 - \frac{43}{20} = 1\frac{17}{20}$

34. $3 - \frac{35}{22} = 1\frac{9}{22}$
35. $4 - \frac{47}{25} = 2\frac{3}{25}$
36. $7 - \frac{11}{6} = 5\frac{1}{6}$
37. $5 - \frac{22}{8} = 2\frac{2}{8}$
38. $4 - \frac{23}{15} = 2\frac{7}{15}$
39. $5 - \frac{39}{17} = 2\frac{12}{17}$
40. $5 - \frac{24}{19} = 3\frac{14}{19}$

1. $6 \;\square\; 2\frac{1}{3} = 3\frac{2}{3}$
2. $1\frac{3}{5} \;\square\; 4 = 2\frac{2}{5}$
3. $5 \;\square\; 1\frac{4}{5} = 3\frac{1}{5}$
4. $1\frac{3}{7} \;\square\; 6 = 4\frac{4}{7}$

5. $7 \;\square\; 2\frac{3}{8} = 4\frac{5}{8}$
6. $1\frac{2}{8} \;\square\; 4 = 2\frac{6}{8}$
7. $5 \;\square\; 3\frac{11}{15} = 1\frac{4}{15}$
8. $1\frac{3}{9} \;\square\; 6 = 4\frac{6}{9}$

9. $3\frac{4}{10} \;\square\; 8 = 4\frac{6}{10}$
10. $2\frac{5}{11} \;\square\; 3 = \frac{6}{11}$
11. $4 \;\square\; 1\frac{5}{12} = 2\frac{7}{12}$
12. $2\frac{7}{12} \;\square\; 5 = 2\frac{5}{12}$
13. $3 \;\square\; 1\frac{3}{13} = 1\frac{10}{13}$
14. $2\frac{7}{13} \;\square\; 5 = 2\frac{6}{13}$

15. $4 \;\square\; 1\frac{6}{14} = 2\frac{8}{14}$
16. $\frac{14}{5} \;\square\; 4 = 1\frac{1}{5}$
17. $3 \;\square\; \frac{13}{6} = \frac{5}{6}$
18. $\frac{30}{7} \;\square\; 8 = 3\frac{5}{7}$
19. $4 \;\square\; \frac{16}{7} = 1\frac{5}{7}$
20. $\frac{17}{8} \;\square\; 5 = 2\frac{7}{8}$

21. $8 \;\square\; \frac{19}{8} = 5\frac{5}{8}$
22. $8 \;\square\; \frac{34}{9} = 4\frac{2}{9}$
23. $4 \;\square\; \frac{27}{10} = 1\frac{3}{10}$
24. $\frac{39}{10} \;\square\; 7 = 3\frac{1}{10}$
25. $6 \;\square\; \frac{50}{11} = 1\frac{5}{11}$
26. $\frac{26}{11} \;\square\; 9 = 6\frac{7}{11}$

27. $5 \;\square\; \frac{31}{12} = 2\frac{5}{12}$
28. $7 \;\square\; \frac{45}{13} = 3\frac{7}{13}$
29. $\frac{37}{14} \;\square\; 5 = 2\frac{5}{14}$
30. $6 \;\square\; \frac{22}{15} = 4\frac{8}{15}$
31. $\frac{29}{16} \;\square\; 2 = \frac{3}{16}$
32. $5 \;\square\; \frac{40}{17} = 2\frac{11}{17}$

분수의 뺄셈(4)

1일차
70~71쪽

1. $4\frac{3}{6} - 1\frac{4}{6} = 2\frac{5}{6}$
2. $6\frac{1}{6} - 3\frac{5}{6} = 2\frac{2}{6}$
3. $3\frac{2}{7} - 2\frac{6}{7} = \frac{3}{7}$
4. $5\frac{3}{7} - 3\frac{5}{7} = 1\frac{5}{7}$
5. $2\frac{6}{8} - 1\frac{7}{8} = \frac{7}{8}$
6. $4\frac{5}{8} - 2\frac{7}{8} = 1\frac{6}{8}$
7. $3\frac{4}{9} - 1\frac{5}{9} = 1\frac{8}{9}$
8. $6\frac{3}{9} - 4\frac{8}{9} = 1\frac{4}{9}$
9. $2\frac{3}{10} - 1\frac{7}{10} = \frac{6}{10}$
10. $5\frac{7}{10} - 2\frac{9}{10} = 2\frac{8}{10}$
11. $3\frac{6}{11} - 1\frac{9}{11} = 1\frac{8}{11}$
12. $4\frac{6}{11} - 3\frac{10}{11} = \frac{7}{11}$
13. $2\frac{5}{12} - 1\frac{11}{12} = \frac{6}{12}$
14. $5\frac{7}{12} - 3\frac{9}{12} = 1\frac{10}{12}$
15. $4\frac{6}{13} - 1\frac{12}{13} = 2\frac{7}{13}$
16. $7\frac{8}{13} - 4\frac{11}{13} = 2\frac{10}{13}$
17. $4\frac{9}{14} - 2\frac{13}{14} = 1\frac{10}{14}$
18. $3\frac{7}{14} - 2\frac{8}{14} = 1\frac{13}{14}$
19. $5\frac{4}{7} - 2\frac{6}{7} = 2\frac{5}{7}$
20. $5\frac{6}{10} - 2\frac{8}{10} = 2\frac{8}{10}$
21. $4\frac{3}{14} - 1\frac{11}{14} = 2\frac{6}{14}$
22. $4\frac{8}{19} - 3\frac{12}{19} = \frac{15}{19}$
23. $8\frac{5}{17} - 3\frac{14}{17} = 4\frac{8}{17}$
24. $3\frac{3}{16} - 1\frac{9}{16} = 1\frac{10}{16}$
25. $5\frac{8}{24} - 3\frac{19}{24} = 1\frac{13}{24}$
26. $2\frac{2}{6} - 1\frac{5}{6} = \frac{3}{6}$
27. $2\frac{3}{8} - 1\frac{4}{8} = \frac{7}{8}$
28. $4\frac{4}{12} - 2\frac{10}{12} = 1\frac{6}{12}$
29. $3\frac{7}{18} - 2\frac{13}{18} = \frac{12}{18}$
30. $6\frac{13}{20} - 5\frac{17}{20} = \frac{16}{20}$
31. $7\frac{12}{23} - 5\frac{18}{23} = 1\frac{17}{23}$
32. $2\frac{8}{25} - 1\frac{12}{25} = \frac{21}{25}$
33. $3\frac{4}{9} - 2\frac{7}{9} = \frac{6}{9}$
34. $7\frac{5}{11} - 4\frac{7}{11} = 2\frac{9}{11}$
35. $7\frac{3}{13} - 2\frac{4}{13} = 4\frac{12}{13}$
36. $7\frac{9}{22} - 4\frac{17}{22} = 2\frac{14}{22}$
37. $4\frac{6}{15} - 3\frac{12}{15} = \frac{9}{15}$
38. $6\frac{13}{21} - 4\frac{19}{21} = 1\frac{15}{21}$

2일차
72~73쪽

1. $5\frac{1}{4} - 3\frac{2}{4} = 1\frac{3}{4}$
2. $6\frac{1}{5} - 2\frac{3}{5} = 3\frac{3}{5}$
3. $3\frac{2}{6} - 2\frac{3}{6} = \frac{5}{6}$
4. $4\frac{3}{7} - 2\frac{6}{7} = 1\frac{4}{7}$
5. $2\frac{3}{8} - 1\frac{7}{8} = \frac{4}{8}$
6. $5\frac{3}{10} - 3\frac{7}{10} = 1\frac{6}{10}$
7. $4\frac{2}{11} - 2\frac{9}{11} = 1\frac{4}{11}$
8. $6\frac{5}{12} - 4\frac{9}{12} = 1\frac{8}{12}$
9. $3\frac{6}{13} - 1\frac{9}{13} = 1\frac{10}{13}$
10. $5\frac{6}{14} - 1\frac{11}{14} = 3\frac{9}{14}$
11. $4\frac{7}{16} - 1\frac{15}{16} = 2\frac{8}{16}$
12. $6\frac{6}{17} - 2\frac{14}{17} = 3\frac{9}{17}$
13. $4\frac{7}{18} - 2\frac{15}{18} = 1\frac{10}{18}$
14. $7\frac{8}{19} - 4\frac{12}{19} = 2\frac{15}{19}$
15. $2\frac{9}{20} - 1\frac{17}{20} = \frac{12}{20}$
16. $3\frac{8}{21} - 1\frac{16}{21} = 1\frac{13}{21}$
17. $7\frac{4}{9} - 3\frac{7}{9} = 3\frac{6}{9}$
18. $5\frac{4}{10} - 2\frac{9}{10} = 2\frac{5}{10}$
19. $3\frac{5}{14} - 1\frac{12}{14} = 1\frac{7}{14}$
20. $4\frac{7}{19} - 2\frac{16}{19} = 1\frac{10}{19}$
21. $2\frac{5}{17} - 1\frac{9}{17} = \frac{13}{17}$
22. $4\frac{6}{22} - 2\frac{11}{22} = 1\frac{17}{22}$
23. $5\frac{1}{24} - 3\frac{5}{24} = 1\frac{20}{24}$
24. $5\frac{1}{6} - 1\frac{4}{6} = 3\frac{3}{6}$
25. $7\frac{3}{7} - 4\frac{6}{7} = 2\frac{4}{7}$
26. $5\frac{5}{12} - 3\frac{8}{12} = 1\frac{9}{12}$
27. $5\frac{7}{16} - 2\frac{13}{16} = 2\frac{10}{16}$
28. $4\frac{7}{20} - 3\frac{16}{20} = \frac{11}{20}$
29. $4\frac{3}{21} - 1\frac{17}{21} = 2\frac{7}{21}$
30. $4\frac{4}{25} - 2\frac{14}{25} = 1\frac{15}{25}$
31. $4\frac{3}{8} - 3\frac{5}{8} = \frac{6}{8}$
32. $6\frac{3}{11} - 2\frac{6}{11} = 3\frac{8}{11}$
33. $5\frac{5}{13} - 1\frac{8}{13} = 3\frac{10}{13}$
34. $5\frac{3}{18} - 2\frac{7}{18} = 2\frac{14}{18}$
35. $6\frac{4}{15} - 3\frac{13}{15} = 2\frac{6}{15}$
36. $2\frac{4}{23} - 1\frac{6}{23} = \frac{21}{23}$
37. $2\frac{5}{26} - 1\frac{12}{26} = \frac{19}{26}$

1. $3\frac{1}{5} - \frac{7}{5} = 1\frac{4}{5}$
2. $6\frac{2}{5} - \frac{13}{5} = 3\frac{4}{5}$
3. $2\frac{4}{6} - \frac{11}{6} = \frac{5}{6}$
4. $5\frac{1}{6} - \frac{15}{6} = 2\frac{4}{6}$
5. $4\frac{2}{7} - \frac{15}{7} = 2\frac{1}{7}$
6. $7\frac{1}{7} - \frac{23}{7} = 3\frac{6}{7}$
7. $2\frac{3}{8} - \frac{13}{8} = \frac{6}{8}$
8. $5\frac{5}{8} - \frac{23}{8} = 2\frac{6}{8}$
9. $4\frac{2}{9} - \frac{30}{9} = \frac{8}{9}$
10. $8\frac{4}{9} - \frac{34}{9} = 4\frac{6}{9}$
11. $3\frac{2}{10} - \frac{19}{10} = 1\frac{3}{10}$
12. $6\frac{5}{10} - \frac{39}{10} = 2\frac{6}{10}$
13. $4\frac{4}{11} - \frac{30}{11} = 1\frac{7}{11}$
14. $7\frac{2}{11} - \frac{38}{11} = 3\frac{8}{11}$
15. $3\frac{3}{12} - \frac{29}{12} = \frac{10}{12}$
16. $5\frac{7}{12} - \frac{32}{12} = 2\frac{11}{12}$
17. $3\frac{1}{13} - \frac{29}{13} = \frac{11}{13}$
18. $6\frac{4}{13} - \frac{33}{13} = 3\frac{10}{13}$
19. $5\frac{2}{4} - \frac{15}{4} = 1\frac{3}{4}$
20. $3\frac{2}{7} - \frac{20}{7} = \frac{3}{7}$
21. $6\frac{4}{9} - \frac{32}{9} = 2\frac{8}{9}$
22. $5\frac{3}{16} - \frac{39}{16} = 2\frac{12}{16}$
23. $4\frac{6}{10} - \frac{27}{10} = 1\frac{9}{10}$
24. $5\frac{5}{14} - \frac{25}{14} = 3\frac{8}{14}$
25. $6\frac{4}{17} - \frac{42}{17} = 3\frac{13}{17}$
26. $4\frac{14}{25} - \frac{47}{25} = 2\frac{17}{25}$
27. $3\frac{2}{5} - \frac{8}{5} = 1\frac{4}{5}$
28. $6\frac{4}{8} - \frac{39}{8} = 1\frac{5}{8}$
29. $4\frac{4}{11} - \frac{20}{11} = 2\frac{6}{11}$
30. $5\frac{7}{18} - \frac{47}{18} = 2\frac{14}{18}$
31. $3\frac{9}{15} - \frac{25}{15} = 1\frac{14}{15}$
32. $4\frac{5}{11} - \frac{28}{11} = 1\frac{10}{11}$
33. $4\frac{5}{22} - \frac{53}{22} = 1\frac{18}{22}$
34. $5\frac{9}{24} - \frac{61}{24} = 2\frac{20}{24}$
35. $4\frac{3}{6} - \frac{17}{6} = 1\frac{4}{6}$
36. $5\frac{4}{12} - \frac{19}{12} = 3\frac{9}{12}$

1. $2\frac{2}{5} - \frac{9}{5} = \frac{3}{5}$
2. $5\frac{3}{5} - \frac{14}{5} = 2\frac{4}{5}$
3. $3\frac{1}{6} - \frac{15}{6} = \frac{4}{6}$
4. $2\frac{4}{7} - \frac{13}{7} = \frac{5}{7}$
5. $5\frac{2}{7} - \frac{17}{7} = 2\frac{6}{7}$
6. $3\frac{3}{8} - \frac{14}{8} = 1\frac{5}{8}$
7. $4\frac{1}{8} - \frac{19}{8} = 1\frac{6}{8}$
8. $3\frac{4}{9} - \frac{16}{9} = 1\frac{6}{9}$
9. $5\frac{3}{9} - \frac{25}{9} = 2\frac{5}{9}$
10. $4\frac{1}{10} - \frac{29}{10} = 1\frac{2}{10}$
11. $6\frac{7}{10} - \frac{18}{10} = 4\frac{9}{10}$
12. $3\frac{2}{11} - \frac{17}{11} = 1\frac{7}{11}$
13. $6\frac{4}{11} - \frac{39}{11} = 2\frac{9}{11}$
14. $4\frac{5}{12} - \frac{31}{12} = 1\frac{10}{12}$
15. $5\frac{3}{12} - \frac{33}{12} = 2\frac{6}{12}$
16. $2\frac{4}{13} - \frac{19}{13} = \frac{11}{13}$
17. $4\frac{5}{13} - \frac{34}{13} = 1\frac{10}{13}$
18. $3\frac{5}{14} - \frac{21}{14} = 1\frac{12}{14}$
19. $5\frac{7}{15} - \frac{39}{15} = 2\frac{13}{15}$
20. $3\frac{2}{5} - \frac{13}{5} = \frac{4}{5}$
21. $4\frac{1}{9} - \frac{15}{9} = 2\frac{4}{9}$
22. $2\frac{3}{13} - \frac{18}{13} = \frac{11}{13}$
23. $4\frac{6}{14} - \frac{35}{14} = 1\frac{13}{14}$
24. $3\frac{7}{18} - \frac{29}{18} = 1\frac{14}{18}$
25. $5\frac{7}{12} - \frac{35}{12} = 2\frac{8}{12}$
26. $2\frac{3}{23} - \frac{28}{23} = \frac{21}{23}$
27. $6\frac{1}{4} - \frac{18}{4} = 1\frac{3}{4}$
28. $5\frac{4}{7} - \frac{13}{7} = 3\frac{5}{7}$
29. $4\frac{4}{10} - \frac{27}{10} = 2\frac{7}{10}$
30. $3\frac{1}{11} - \frac{25}{11} = \frac{9}{11}$
31. $4\frac{9}{18} - \frac{43}{18} = 1\frac{14}{18}$
32. $5\frac{9}{20} - \frac{53}{20} = 2\frac{16}{20}$
33. $3\frac{5}{22} - \frac{35}{22} = 1\frac{14}{22}$
34. $7\frac{2}{6} - \frac{17}{6} = 4\frac{3}{6}$
35. $5\frac{3}{8} - \frac{28}{8} = 1\frac{7}{8}$
36. $4\frac{4}{15} - \frac{24}{15} = 2\frac{10}{15}$
37. $5\frac{13}{17} - \frac{32}{17} = 3\frac{15}{17}$
38. $3\frac{11}{19} - \frac{35}{19} = 1\frac{14}{19}$

1. $\frac{13}{7} - 4\frac{3}{7} = 2\frac{4}{7}$
2. $6\frac{3}{7} - 3\frac{5}{7} = 2\frac{5}{7}$
3. $5\frac{4}{8} - 2\frac{7}{8} = 2\frac{5}{8}$
4. $4\frac{1}{8} - \frac{18}{8} = 1\frac{7}{8}$
5. $5\frac{4}{9} - 3\frac{8}{9} = 1\frac{5}{9}$
6. $\frac{22}{9} - 6\frac{2}{9} = 3\frac{7}{9}$
7. $3\frac{6}{10} - 1\frac{9}{10} = 1\frac{7}{10}$
8. $2\frac{7}{10} - 7\frac{3}{10} = 4\frac{6}{10}$
9. $4\frac{4}{11} - 2\frac{8}{11} = 1\frac{7}{11}$
10. $\frac{27}{11} - 3\frac{3}{11} = \frac{9}{11}$
11. $4\frac{7}{12} - 1\frac{11}{12} = 2\frac{8}{12}$
12. $2\frac{5}{12} - 5\frac{1}{12} = 2\frac{8}{12}$
13. $3\frac{5}{13} - \frac{19}{13} = 1\frac{12}{13}$
14. $3\frac{10}{13} - 6\frac{7}{13} = 2\frac{10}{13}$
15. $4\frac{9}{14} - \frac{39}{14} = 1\frac{12}{14}$
16. $2\frac{4}{5} - 4\frac{2}{5} = 1\frac{3}{5}$
17. $4\frac{2}{8} - \frac{19}{8} = 1\frac{7}{8}$
18. $\frac{55}{12} - 8\frac{5}{12} = 3\frac{10}{12}$
19. $\frac{36}{10} - 5\frac{5}{10} = 1\frac{9}{10}$
20. $3\frac{6}{15} - \frac{23}{15} = 1\frac{13}{15}$
21. $2\frac{6}{11} - 4\frac{3}{11} = 1\frac{8}{11}$
22. $7\frac{1}{5} - \frac{23}{5} = 2\frac{3}{5}$
23. $\frac{23}{8} - 4\frac{4}{8} = 1\frac{5}{8}$
24. $3\frac{2}{7} - 1\frac{4}{7} = 1\frac{5}{7}$
25. $2\frac{5}{6} - 8\frac{3}{6} = 5\frac{4}{6}$
26. $4\frac{1}{9} - 2\frac{7}{9} = 1\frac{3}{9}$
27. $3\frac{6}{7} - 5\frac{3}{7} = 1\frac{4}{7}$
28. $8\frac{1}{10} - 5\frac{4}{10} = 2\frac{7}{10}$
29. $4\frac{2}{7} - \frac{18}{7} = 1\frac{5}{7}$
30. $7\frac{6}{13} - 4\frac{9}{13} = 2\frac{10}{13}$
31. $\frac{37}{14} - 4\frac{3}{14} = 1\frac{8}{14}$
32. $1\frac{14}{16} - 3\frac{7}{16} = 1\frac{9}{16}$
33. $5\frac{7}{12} - \frac{32}{12} = 2\frac{11}{12}$

자릿수가 같은 소수의 덧셈

1일차

82~83쪽

9
$$21.6 + 5.1 = 26.7$$

1 $0.4 + 0.3 = 0.7$

2 $0.5 + 0.2 = 0.7$

3 $0.6 + 0.3 = 0.9$

4 $1.2 + 0.7 = 1.9$

5 $3.2 + 5.6 = 8.8$

6 $2.5 + 4.3 = 6.8$

7 $1.7 + 7.2 = 8.9$

8 $2.5 + 3.2 = 5.7$

10 $32.3 + 3.6 = 35.9$

11 $7.2 + 32.4 = 39.6$

12 $6.4 + 52.3 = 58.7$

13 $1.4 + 43.5 = 44.9$

14 $6.4 + 3.5 = 9.9$

15 $1.2 + 8.6 = 9.8$

16 $3.6 + 4.2 = 7.8$

17 $2.1 + 6.3 = 8.4$

18 $15.4 + 5.4 = 20.8$

19 $25.1 + 3.8 = 28.9$

20 $35.5 + 2.4 = 37.9$

21 $13.7 + 3.2 = 16.9$

22 $4.2 + 23.6 = 27.8$

23 $5.3 + 43.4 = 48.7$

24 $36.5 + 20.2 = 56.7$

25 $62.8 + 10.1 = 72.9$

2일차

84~85쪽

9
$$12.7 + 5.9 = 18.6$$

1 $0.9 + 0.2 = 1.1$

2 $0.6 + 0.5 = 1.1$

3 $0.8 + 1.3 = 2.1$

4 $0.9 + 2.7 = 3.6$

5 $4.8 + 2.6 = 7.4$

6 $3.7 + 4.5 = 8.2$

7 $3.3 + 5.8 = 9.1$

8 $4.7 + 3.6 = 8.3$

10 $23.8 + 3.9 = 27.7$

11 $2.6 + 36.5 = 39.1$

12 $4.4 + 54.7 = 59.1$

13 $21.8 + 3.5 = 25.3$

14 $8.4 + 0.7 = 9.1$

15 $7.6 + 0.8 = 8.4$

16 $6.7 + 1.5 = 8.2$

17 $5.8 + 2.4 = 8.2$

18 $33.6 + 5.9 = 39.5$

19 $25.3 + 3.8 = 29.1$

20 $14.6 + 4.6 = 19.2$

21 $42.7 + 6.5 = 49.2$

22 $26.5 + 27.6 = 54.1$

23 $28.7 + 45.8 = 74.5$

24 $34.5 + 25.7 = 60.2$

25 $42.8 + 17.9 = 60.7$

3일차
86~87쪽

⑨ 25.06 + 3.93 = 28.99

① 0.43 + 0.26 = 0.69　**⑤** 5.76 + 0.13 = 5.89　**⑩** 31.43 + 4.52 = 35.95

② 0.52 + 0.34 = 0.86　**⑥** 7.21 + 2.78 = 9.99　**⑪** 2.84 + 23.05 = 25.89

③ 0.47 + 0.31 = 0.78　**⑦** 3.05 + 0.62 = 3.67　**⑫** 3.36 + 42.42 = 45.78

④ 1.25 + 0.63 = 1.88　**⑧** 2.56 + 3.41 = 5.97　**⑬** 5.24 + 23.43 = 28.67

⑭ 71.23 + 7.36 = 78.59　**⑱** 3.14 + 5.43 = 8.57　**㉒** 41.21 + 24.26 = 65.47

⑮ 43.42 + 4.45 = 47.87　**⑲** 5.24 + 3.72 = 8.96　**㉓** 24.31 + 43.54 = 67.85

⑯ 2.61 + 35.25 = 37.86　**⑳** 6.52 + 3.06 = 9.58　**㉔** 36.35 + 21.12 = 57.47

⑰ 2.72 + 6.25 = 8.97　**㉑** 4.72 + 23.05 = 27.77　**㉕** 63.53 + 14.16 = 77.69

4일차
88~89쪽

⑨ 15.28 + 4.63 = 19.91

① 0.54 + 0.27 = 0.81　**⑤** 4.56 + 0.35 = 4.91　**⑩** 26.58 + 3.36 = 29.94

② 0.49 + 0.38 = 0.87　**⑥** 6.36 + 2.49 = 8.85　**⑪** 7.34 + 41.27 = 48.61

③ 0.65 + 0.28 = 0.93　**⑦** 5.05 + 2.47 = 7.52　**⑫** 5.16 + 32.77 = 37.93

④ 0.16 + 0.65 = 0.81　**⑧** 5.37 + 3.44 = 8.81　**⑬** 7.04 + 20.08 = 27.12

⑭ 0.25 + 0.84 = 1.09　**⑱** 4.84 + 3.52 = 8.36　**㉒** 12.82 + 23.85 = 36.67

⑮ 0.74 + 0.35 = 1.09　**⑲** 5.94 + 2.72 = 8.66　**㉓** 16.73 + 32.94 = 49.67

⑯ 0.67 + 1.42 = 2.09　**⑳** 6.82 + 2.76 = 9.58　**㉔** 23.53 + 24.86 = 48.39

⑰ 1.76 + 2.32 = 4.08　**㉑** 15.73 + 3.45 = 19.18　**㉕** 51.85 + 16.74 = 68.59

5일차
90~91쪽

⑨ 47.45 + 21.98 = 69.43

① 0.45 + 0.97 = 1.42　**⑤** 0.88 + 0.26 = 1.14　**⑩** 14.68 + 43.74 = 58.42

② 1.51 + 3.69 = 5.20　**⑥** 0.69 + 0.54 = 1.23　**⑪** 7.68 + 51.35 = 59.03

③ 5.78 + 3.25 = 9.03　**⑦** 2.75 + 0.57 = 3.32　**⑫** 25.94 + 42.37 = 68.31

④ 23.74 + 4.87 = 28.61　**⑧** 2.94 + 6.27 = 9.21　**⑬** 43.85 + 21.46 = 65.31

⑭ 0.54 + 1.79 = 2.33　**⑱** 9.45 + 14.78 = 24.23　**㉒** 5.91 + 12.69 = 18.60

⑮ 9.27 + 0.86 = 10.13　**⑲** 2.84 + 0.26 = 3.10　**㉓** 15.72 + 25.43 = 41.15

⑯ 3.47 + 1.65 = 5.12　**⑳** 23.45 + 32.58 = 56.03　**㉔** 7.86 + 5.79 = 13.65

⑰ 1.26 + 3.78 = 5.04　**㉑** 4.67 + 3.47 = 8.14　**㉕** 42.56 + 6.48 = 49.04

자릿수가 다른 소수의 덧셈

1일차
94~95쪽

1. $9 + 0.3 = 9.3$
2. $4 + 2.5 = 6.5$
3. $6.6 + 5 = 11.6$
4. $15.4 + 7 = 22.4$
5. $18 + 3.7 = 21.7$
6. $24 + 42.8 = 66.8$
7. $6.24 + 5 = 11.24$
8. $8 + 2.63 = 10.63$
9. $5.47 + 26 = 31.47$
10. $42.58 + 18 = 60.58$
11. $25 + 5.64 = 30.64$
12. $37 + 25.38 = 62.38$
13. $62 + 36.72 = 98.72$
14. $4 + 0.9 = 4.9$
15. $8 + 8.6 = 16.6$
16. $7 + 3.6 = 10.6$
17. $6 + 9.9 = 15.9$
18. $12 + 9.8 = 21.8$
19. $57 + 3.2 = 60.2$
20. $19 + 1.52 = 20.52$
21. $9 + 11.48 = 20.48$
22. $5 + 19.47 = 24.47$
23. $17 + 17.72 = 34.72$
24. $18 + 4.46 = 22.46$
25. $45 + 5.38 = 50.38$

2일차
96~97쪽

1. $0.3 + 0.64 = 0.94$
2. $0.4 + 0.53 = 0.93$
3. $0.47 + 0.2 = 0.67$
4. $0.76 + 0.2 = 0.96$
5. $3.58 + 1.4 = 4.98$
6. $5.2 + 4.75 = 9.95$
7. $6.18 + 7.3 = 13.48$
8. $8.4 + 5.42 = 13.82$
9. $12.8 + 6.04 = 18.84$
10. $34.59 + 4.3 = 38.89$
11. $24.3 + 15.26 = 39.56$
12. $41.25 + 24.7 = 65.95$
13. $67.5 + 32.04 = 99.54$
14. $0.4 + 0.28 = 0.68$
15. $0.26 + 0.7 = 0.96$
16. $2.6 + 1.34 = 3.94$
17. $3.65 + 6.2 = 9.85$
18. $12.6 + 3.14 = 15.74$
19. $4.52 + 36.4 = 40.92$
20. $27.3 + 5.29 = 32.59$
21. $8.03 + 46.5 = 54.53$
22. $36.5 + 24.09 = 60.59$
23. $18.19 + 52.6 = 70.79$
24. $42.8 + 37.02 = 79.82$
25. $53.23 + 18.6 = 71.83$

3일차
98~99쪽

⑨
$$25.8 + 12.61 = 38.41$$

① $0.4 + 0.85 = 1.25$
② $0.57 + 0.9 = 1.47$
③ $0.7 + 0.48 = 1.18$
④ $0.83 + 0.9 = 1.73$

⑤ $2.37 + 1.7 = 4.07$
⑥ $5.81 + 2.6 = 8.41$
⑦ $4.2 + 3.82 = 8.02$
⑧ $3.8 + 4.29 = 8.09$

⑩ $42.63 + 25.7 = 68.33$
⑪ $7.46 + 12.7 = 20.16$
⑫ $9.9 + 20.19 = 30.09$
⑬ $13.75 + 6.9 = 20.65$

⑭ $2.8 + 3.31 = 6.11$
⑮ $4.47 + 5.6 = 10.07$
⑯ $3.6 + 4.83 = 8.43$
⑰ $4.95 + 1.7 = 6.65$

⑱ $3.4 + 5.81 = 9.21$
⑲ $4.21 + 3.9 = 8.11$
⑳ $7.3 + 3.94 = 11.24$
㉑ $7.8 + 8.54 = 16.34$

㉒ $10.5 + 4.51 = 15.01$
㉓ $18.3 + 8.74 = 27.04$
㉔ $24.94 + 17.5 = 42.44$
㉕ $48.7 + 36.95 = 85.65$

4일차
100~101쪽

⑨
$$8.483 + 16.49 = 24.973$$

① $0.34 + 0.186 = 0.526$
② $0.468 + 0.24 = 0.708$
③ $0.59 + 0.165 = 0.755$
④ $0.227 + 0.08 = 0.307$

⑤ $2.653 + 2.28 = 4.933$
⑥ $4.39 + 3.563 = 7.953$
⑦ $5.149 + 3.67 = 8.819$
⑧ $6.64 + 1.097 = 7.737$

⑩ $9.46 + 35.274 = 44.734$
⑪ $16.081 + 8.62 = 24.701$
⑫ $27.29 + 23.293 = 50.583$
⑬ $52.683 + 38.02 = 90.703$

⑭ $0.25 + 0.352 = 0.602$
⑮ $0.585 + 0.36 = 0.945$
⑯ $0.67 + 0.252 = 0.922$
⑰ $0.864 + 1.06 = 1.924$

⑱ $3.57 + 4.392 = 7.962$
⑲ $5.072 + 2.84 = 7.912$
⑳ $6.39 + 4.517 = 10.907$
㉑ $7.693 + 8.26 = 15.953$

㉒ $3.046 + 9.68 = 12.726$
㉓ $17.26 + 7.564 = 24.824$
㉔ $27.071 + 23.65 = 50.721$
㉕ $45.27 + 38.295 = 83.565$

5일차
102~103쪽

⑨
$$3.547 + 4.28 = 7.827$$

① $6 + 0.7 = 6.7$
② $1.8 + 9 = 10.8$
③ $17 + 0.53 = 17.53$
④ $5.64 + 21 = 26.64$

⑤ $3.74 + 4.8 = 8.54$
⑥ $5.4 + 3.76 = 9.16$
⑦ $7.35 + 6.7 = 14.05$
⑧ $12.8 + 23.24 = 36.04$

⑩ $6.493 + 2.6 = 9.093$
⑪ $8.7 + 5.839 = 14.539$
⑫ $15.385 + 8.47 = 23.855$
⑬ $26.73 + 17.548 = 44.278$

⑭ $32 + 7.43 = 39.43$
⑮ $6.28 + 49 = 55.28$
⑯ $2.6 + 2.94 = 5.54$
⑰ $3.84 + 3.7 = 7.54$
⑱ $1.9 + 3.28 = 5.18$
⑲ $5.97 + 4.6 = 10.57$

⑳ $12.7 + 8.74 = 21.44$
㉑ $5.96 + 32.8 = 38.76$
㉒ $14.6 + 23.57 = 38.17$
㉓ $35.6 + 42.75 = 78.35$
㉔ $5.7 + 2.647 = 8.347$
㉕ $6.32 + 8.6 = 14.92$

㉖ $23.8 + 12.953 = 36.753$
㉗ $36.825 + 6.4 = 43.225$
㉘ $5.98 + 3.617 = 9.597$
㉙ $9.284 + 8.95 = 18.234$
㉚ $36.65 + 18.479 = 55.129$
㉛ $27.456 + 52.67 = 80.126$

자릿수가 같은 소수의 뺄셈

1일차
106~107쪽

1 $0.7 - 0.4 = 0.3$

2 $0.5 - 0.2 = 0.3$

3 $0.8 - 0.3 = 0.5$

4 $1.8 - 0.7 = 1.1$

5 $4.8 - 3.6 = 1.2$

6 $6.9 - 2.3 = 4.6$

7 $9.6 - 4.3 = 5.3$

8 $15.6 - 3.4 = 12.2$

9 $28.8 - 7.2 = 21.6$

10 $36.7 - 3.5 = 33.2$

11 $57.6 - 31.4 = 26.2$

12 $64.8 - 42.3 = 22.5$

13 $85.9 - 43.2 = 42.7$

14 $5.6 - 2.3 = 3.3$

15 $9.8 - 3.3 = 6.5$

16 $6.9 - 3.4 = 3.5$

17 $2.7 - 1.3 = 1.4$

18 $2.5 - 1.4 = 1.1$

19 $14.8 - 3.2 = 11.6$

20 $28.7 - 2.5 = 26.2$

21 $16.9 - 3.2 = 13.7$

22 $24.8 - 3.6 = 21.2$

23 $38.4 - 25.1 = 13.3$

24 $57.8 - 21.5 = 36.3$

25 $66.9 - 34.7 = 32.2$

2일차
108~109쪽

1 $1.2 - 0.9 = 0.3$

2 $1.5 - 0.6 = 0.9$

3 $2.1 - 0.4 = 1.7$

4 $2.5 - 0.7 = 1.8$

5 $4.6 - 2.8 = 1.8$

6 $6.5 - 3.7 = 2.8$

7 $8.3 - 4.8 = 3.5$

8 $9.4 - 3.6 = 5.8$

9 $13.7 - 6.9 = 6.8$

10 $45.3 - 26.5 = 18.8$

11 $56.4 - 13.7 = 42.7$

12 $20.6 - 3.8 = 16.8$

13 $60.5 - 43.8 = 16.7$

14 $1.4 - 0.7 = 0.7$

15 $1.6 - 0.9 = 0.7$

16 $2.5 - 1.7 = 0.8$

17 $3.2 - 2.5 = 0.7$

18 $4.3 - 1.9 = 2.4$

19 $5.2 - 2.7 = 2.5$

20 $6.4 - 4.5 = 1.9$

21 $24.7 - 13.8 = 10.9$

22 $46.3 - 24.7 = 21.6$

23 $13.2 - 7.5 = 5.7$

24 $16.3 - 6.8 = 9.5$

25 $72.3 - 37.9 = 34.4$

3일차
110~111쪽

①
```
  0.46
- 0.23
------
  0.23
```

②
```
  0.57
- 0.24
------
  0.33
```

③
```
  0.68
- 0.46
------
  0.22
```

④
```
  1.75
- 0.43
------
  1.32
```

⑤
```
  4.86
- 2.64
------
  2.22
```

⑥
```
  7.68
- 4.24
------
  3.44
```

⑦
```
  13.75
-  2.62
------
  11.13
```

⑧
```
  28.59
-  3.24
------
  25.35
```

⑨
```
  45.76
-  4.63
------
  41.13
```

⑩
```
  52.63
- 31.52
------
  21.11
```

⑪
```
  67.84
- 43.32
------
  24.52
```

⑫
```
  76.36
- 32.12
------
  44.24
```

⑬
```
  85.29
- 43.15
------
  42.14
```

⑭ $0.48 - 0.16$
```
  0.48
- 0.16
------
  0.32
```

⑮ $0.58 - 0.43$
```
  0.58
- 0.43
------
  0.15
```

⑯ $0.67 - 0.25$
```
  0.67
- 0.25
------
  0.42
```

⑰ $1.78 - 0.53$
```
  1.78
- 0.53
------
  1.25
```

⑱ $2.85 - 1.43$
```
  2.85
- 1.43
------
  1.42
```

⑲ $4.67 - 3.52$
```
  4.67
- 3.52
------
  1.15
```

⑳ $6.58 - 3.16$
```
  6.58
- 3.16
------
  3.42
```

㉑ $8.73 - 6.52$
```
  8.73
- 6.52
------
  2.21
```

㉒ $9.46 - 4.25$
```
  9.46
- 4.25
------
  5.21
```

㉓ $18.67 - 6.43$
```
  18.67
-  6.43
------
  12.24
```

㉔ $26.85 - 12.52$
```
  26.85
- 12.52
------
  14.33
```

㉕ $57.64 - 34.51$
```
  57.64
- 34.51
------
  23.13
```

4일차
112~113쪽

①
```
  0.45
- 0.27
------
  0.18
```

②
```
  0.53
- 0.19
------
  0.34
```

③
```
  0.62
- 0.38
------
  0.24
```

④
```
  0.76
- 0.37
------
  0.39
```

⑤
```
  1.74
- 0.65
------
  1.09
```

⑥
```
  2.15
- 0.09
------
  2.06
```

⑦
```
  5.45
- 2.27
------
  3.18
```

⑧
```
  9.75
- 5.46
------
  4.29
```

⑨
```
  23.56
-  7.17
------
  16.39
```

⑩
```
  31.64
- 14.36
------
  17.28
```

⑪
```
  47.26
- 15.07
------
  32.19
```

⑫
```
  54.74
- 32.68
------
  22.06
```

⑬
```
  62.83
- 27.58
------
  35.25
```

⑭ $1.18 - 0.35$
```
  1.18
- 0.35
------
  0.83
```

⑮ $1.26 - 0.54$
```
  1.26
- 0.54
------
  0.72
```

⑯ $2.45 - 0.73$
```
  2.45
- 0.73
------
  1.72
```

⑰ $1.28 - 0.65$
```
  1.28
- 0.65
------
  0.63
```

⑱ $3.27 - 1.56$
```
  3.27
- 1.56
------
  1.71
```

⑲ $5.37 - 2.46$
```
  5.37
- 2.46
------
  2.91
```

⑳ $6.28 - 1.76$
```
  6.28
- 1.76
------
  4.52
```

㉑ $9.07 - 6.42$
```
  9.07
- 6.42
------
  2.65
```

㉒ $21.45 - 9.54$
```
  21.45
-  9.54
------
  11.91
```

㉓ $34.19 - 15.47$
```
  34.19
- 15.47
------
  18.72
```

㉔ $54.26 - 25.74$
```
  54.26
- 25.74
------
  28.52
```

㉕ $71.39 - 46.48$
```
  71.39
- 46.48
------
  24.91
```

5일차
114~115쪽

①
```
  1.21
- 0.92
------
  0.29
```

②
```
  1.42
- 0.63
------
  0.79
```

③
```
  2.33
- 1.74
------
  0.59
```

④
```
  8.51
- 5.83
------
  2.68
```

⑤
```
  8.62
- 4.75
------
  3.87
```

⑥
```
  0.56
- 0.27
------
  0.29
```

⑦
```
  0.73
- 0.48
------
  0.25
```

⑧
```
  1.85
- 0.27
------
  1.58
```

⑨
```
  13.41
-  8.92
------
  4.49
```

⑩
```
  42.53
- 27.34
------
  15.19
```

⑪
```
  17.37
-  6.59
------
  10.78
```

⑫
```
  35.06
- 17.57
------
  17.49
```

⑬
```
  53.24
- 25.46
------
  27.78
```

⑭ $1.01 - 0.23$
```
  1.01
- 0.23
------
  0.78
```

⑮ $8.25 - 0.56$
```
  8.25
- 0.56
------
  7.69
```

⑯ $3.21 - 1.65$
```
  3.21
- 1.65
------
  1.56
```

⑰ $1.21 - 0.43$
```
  1.21
- 0.43
------
  0.78
```

⑱ $4.25 - 2.69$
```
  4.25
- 2.69
------
  1.56
```

⑲ $9.45 - 4.78$
```
  9.45
- 4.78
------
  4.67
```

⑳ $3.54 - 1.65$
```
  3.54
- 1.65
------
  1.89
```

㉑ $5.42 - 2.67$
```
  5.42
- 2.67
------
  2.75
```

㉒ $15.26 - 12.87$
```
  15.26
- 12.87
------
  2.39
```

㉓ $46.32 - 24.43$
```
  46.32
- 24.43
------
  21.89
```

㉔ $42.56 - 16.87$
```
  42.56
- 16.87
------
  25.69
```

㉕ $65.74 - 31.88$
```
  65.74
- 31.88
------
  33.86
```

자릿수가 다른 소수의 뺄셈

1일차

118~119쪽

2일차

120~121쪽

3일차

122~123쪽

9 9.7 − 2.314 = 7.386

1 0.3 − 0.16 = 0.14
5 3.6 − 1.264 = 2.336
10 13.4 − 6.173 = 7.227

2 0.5 − 0.24 = 0.26
6 5.3 − 2.764 = 2.536
11 24.8 − 7.512 = 17.288

3 0.6 − 0.35 = 0.25
7 6.5 − 3.025 = 3.475
12 31.6 − 15.254 = 16.346

4 0.8 − 0.47 = 0.33
8 7.4 − 5.704 = 1.696
13 52.8 − 36.013 = 16.787

14 0.7 − 0.326 = 0.374
18 4.5 − 2.463 = 2.037
22 12.1 − 8.576 = 3.524

15 0.8 − 0.512 = 0.288
19 5.2 − 3.683 = 1.517
23 28.7 − 9.863 = 18.837

16 1.3 − 0.641 = 0.659
20 6.2 − 4.593 = 1.607
24 34.1 − 18.753 = 15.347

17 2.4 − 1.956 = 0.444
21 8.1 − 5.449 = 2.651
25 42.6 − 26.924 = 15.676

4일차

124~125쪽

9 14.68 − 6.252 = 8.428

1 0.47 − 0.125 = 0.345
5 3.75 − 1.315 = 2.435
10 24.76 − 6.451 = 18.309

2 0.57 − 0.363 = 0.207
6 4.89 − 2.654 = 2.236
11 36.98 − 18.244 = 18.736

3 0.76 − 0.451 = 0.309
7 6.67 − 3.385 = 3.285
12 45.85 − 27.444 = 18.406

4 0.89 − 0.582 = 0.308
8 9.79 − 5.221 = 4.569
13 59.79 − 32.343 = 27.447

14 0.76 − 0.354 = 0.406
18 4.26 − 1.457 = 2.803
22 17.69 − 13.057 = 4.633

15 0.47 − 0.249 = 0.221
19 5.36 − 2.037 = 3.323
23 27.36 − 13.256 = 14.104

16 1.35 − 0.248 = 1.102
20 7.25 − 4.146 = 3.104
24 36.87 − 21.259 = 15.611

17 2.86 − 1.347 = 1.513
21 9.76 − 5.135 = 4.625
25 53.39 − 37.246 = 16.144

5일차

126~127쪽

9 32.54 − 19.7 = 12.84

1 7 − 2.8 = 4.2
5 7.24 − 4.6 = 2.64
10 7.454 − 2.6 = 4.854

2 8.2 − 5 = 3.2
6 8.3 − 3.49 = 4.81
11 8.3 − 4.749 = 3.551

3 13 − 4.52 = 8.48
7 13.54 − 6.8 = 6.74
12 17.259 − 8.67 = 8.589

4 35.14 − 19 = 16.14
8 25.8 − 18.23 = 7.57
13 46.83 − 25.958 = 20.872

14 6 − 1.3 = 4.7
20 7.6 − 1.95 = 5.65
26 5.3 − 2.624 = 2.676

15 7.6 − 2 = 5.6
21 0.84 − 0.5 = 0.34
27 9.352 − 6.4 = 2.952

16 8 − 2.56 = 5.44
22 2.4 − 1.27 = 1.13
28 26.2 − 12.753 = 13.447

17 13.72 − 8 = 5.72
23 8.36 − 4.6 = 3.76
29 46.325 − 16.5 = 29.825

18 16 − 5.8 = 10.2
24 26.7 − 18.93 = 7.77
30 5.92 − 3.657 = 2.263

19 26.8 − 17 = 9.8
25 53.12 − 37.8 = 15.32
31 9.284 − 6.95 = 2.334

MEMO

MEMO

EBS

만점왕
연산

8단계
초등 4학년 권장

초 1~6학년, 학기별 발행

만점왕 수학 플러스

1 만점왕 수학이 쉬운 중위권 학생을 위한 문제 중심 수학 학습서

2 교과서 개념과 응용 문제로 키우는 문제 해결력

3 인터넷·모바일·TV로 제공하는 무료 강의

EBS와 함께하는 자기주도 학습 초등·중학 교재 로드맵

	예비 초등	1학년	2학년	3학년	4학년	5학년	6학년

전과목 기본서/평가

BEST 만점왕 국어/수학/사회/과학
교과서 중심 초등 기본서

만점왕 통합본 3~6학년 학기별(8책) **HOT**
바쁜 초등학생을 위한 국어·사회·과학 압축본

만점왕 단원평가 3~6학년 학기별(8책)
한 권으로 학교 단원평가 대비

기초학력 진단평가 초2~중2 **HOT**
초2부터 중2까지 기초학력 진단평가 대비

국어

어휘
BEST 어휘가 독해다! 초등 국어 어휘 1~4단계
독해로 완성하는 초등 필수 어휘 학습

어휘가 독해다! 초등 국어 어휘 실력
5, 6학년 교과서 필수 낱말 + 읽기 학습

독해
4주 완성 독해력 1~6단계
학년군별 교과 연계 단기 독해 학습

문학

문법
헷갈리지 않는 만능 맞춤법+받아쓰기
평생 만점 받는 능력, 맞춤법 실력 다지기

한자
참 쉬운 급수 한자 8급/7급 II/7급
한자능력검정시험 대비 급수별 학습

어휘가 독해다! 초등 한자 어휘 1~4단계
하루 1개 핵심 한자를 통해 어휘와 독해 동시 학습

문해력
BEST 어휘/쓰기/ERI독해/배경지식/디지털독해가 문해력이다
평생을 살아가는 힘, 문해력을 키우는 학년별·단계별 종합 학습

문해력 등급 평가 초1~중1
내 문해력 수준을 확인하는 등급 평가

영어

EBS ELT 시리즈 | 권장 학년 : 유아 ~ 중1

EBS Big Cat — Collins BIG CAT
다양한 스토리를 통한 영어 리딩 실력 향상

EBS Big Cat — Shinoy and the Chaos Crew
흥미롭고 몰입감 있는 스토리를 통한 풍부한 영어 독서

EBS easy learning — easy learning
저연령 학습자를 위한 기초 영어 프로그램

독해
EBS랑 홈스쿨 초등 영독해 LEVEL 1~3
다양한 부가 자료가 있는 단계별 영독해 학습

기초 영독해
중학 영어 내신 만점을 위한 첫 영독해

Step by Step 초등 영문법/영구문, 독해의 힘! 영문법 LEVEL 1~4 / 영구문 LEVEL 1~3
기초 문장 학습으로 문법/구문과 독해를 한 번에 학습

문법
EBS랑 홈스쿨 초등 영문법 1~2
다양한 부가 자료가 있는 단계별 영문법 학습

기초 영문법 1~2 **HOT**
중학 영어 내신 만점을 위한 첫 영문법

어휘
EBS랑 홈스쿨 초등 필수 영단어 LEVEL 1~2
다양한 부가 자료가 있는 단계별 영단어 테마 연상 종합 학습

쓰기

듣기
초등 영어듣기평가 완벽대비 3~6학년 학기별(8책)
듣기 + 받아쓰기 + 말하기 All in One 학습서

수학

연산
만점왕 연산 Pre 1~2단계, 1~12단계
과학적 연산 방법을 통한 계산력 훈련

실수하지 않는 만능 구구단
평생 만점 받는 능력, 구구단 실력 다지기

개념

응용
만점왕 수학 플러스 1~6학년 학기별(12책)
교과서 중심 기본 + 응용 문제

심화
만점왕 수학 고난도 5~6학년 학기별
상위권 학생을 위한 초등 고난도 문제집

특화
초등 수해력 영역별 P단계, 1~6단계(14책)
다음 학년 수학이 쉬워지는 영역별 초등 수학 특화 학습서

사회

사회 / 역사
초등학생을 위한 多담은 한국사 연표
연표로 흐름을 잡는 한국사 학습

매일 쉬운 스토리 한국사 1~2 / **스토리 한국사** 1~2
하루 한 주제를 이야기로 배우는 한국사/ 고학년 사회 학습 입문서

과학

과학

기타

창체
여름·겨울 방학생활 1~4학년 학기별(8책)
재미와 공부를 동시에 잡는 완벽한 방학생활

창의체험 탐구생활 1~12권
창의력을 키우는 창의체험활동·탐구

AI
쉽게 배우는 초등 AI 1(1~2학년)
초등 교과와 융합한 초등 1~2학년 인공지능 입문서

쉽게 배우는 초등 AI 2(3~4학년)
초등 교과와 융합한 초등 3~4학년 인공지능 입문서

쉽게 배우는 초등 AI 3(5~6학년)
초등 교과와 융합한 초등 5~6학년 인공지능 입문서